AF396160

MINISTÈRE DU COMMERCE, DE L'INDUSTRIE

DES POSTES ET DES TÉLÉGRAPHES

EXPOSITION UNIVERSELLE INTERNATIONALE DE 1900

À PARIS

RAPPORTS

DU JURY INTERNATIONAL

Classe 97. — Bronzes, Fonte et Ferronnerie d'art
Zinc d'art, Métaux repoussés

RAPPORT DE M. H. VIAN

FABRICANT DE BRONZES D'ART ET D'AMEUBLEMENT, FERRONNIER D'ART

PARIS

IMPRIMERIE NATIONALE

M CMI

RAPPORTS DU JURY INTERNATIONAL

DE

L'EXPOSITION UNIVERSELLE DE 1900

MINISTÈRE DU COMMERCE, DE L'INDUSTRIE
DES POSTES ET DES TÉLÉGRAPHES

EXPOSITION UNIVERSELLE INTERNATIONALE DE 1900
À PARIS

RAPPORTS
DU JURY INTERNATIONAL

**Classe 97. — Bronzes, Fonte et Ferronnerie d'art
Zinc d'art, Métaux repoussés**

RAPPORT DE M. H. VIAN

FABRICANT DE BRONZES D'ART ET D'AMEUBLEMENT, FERRONNIER D'ART

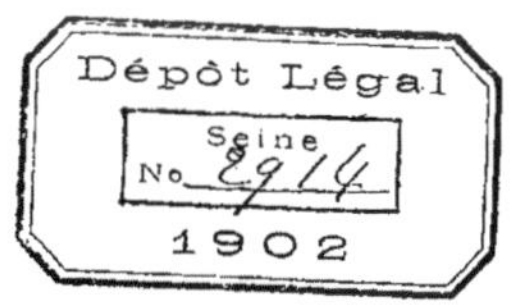

PARIS

IMPRIMERIE NATIONALE

M CMI

Bronzes, Fonte et Ferronnerie d'art, Zinc d'art, Métaux repoussés.

——

RAPPORT DU JURY INTERNATIONAL

PAR

M. H. VIAN,

FABRICANT DE BRONZES D'ART ET D'AMEUBLEMENT, FERRONNIER D'ART.

1

IMPRIMERIE NATIONALE.

COMPOSITION DU JURY.

BUREAU.

MM. Thiébault (Victor), fondeur éditeur, bronzes d'art [maison Thiébaut frères] (comités, grand prix, Paris 1889; vice-président des comités, Paris 1900), membre, ancien secrétaire de la Chambre de commerce de Paris, *président* . . . . France.

Kautsch (Henri), graveur, *vice-président* . . . . Bosnie-Herzégovine.

Vian (Henri), bronze (médaille d'or, Paris 1889; rapporteur des comités Paris 1900), *rapporteur* . . . . France.

Susse (Albert), fondeur éditeur, bronzes d'art [maison Susse frères] (comités, médaille d'or, Paris 1889; comités, Paris, 1900), *secrétaire*. France.

JURÉS TITULAIRES FRANÇAIS.

Blot (Eugène), bronzes et fontes d'art (médaille d'or, Paris 1889, comité d'admission, Paris 1900) . . . . France.

Guimet (Émile) produits chimiques (médaille d'or, Paris 1878, 1889; comités, Paris, 1900). directeur du Musée Guimet à Paris . . . . France.

Joffrin (Ferdinand), président de la Chambre syndicale du bronze imitation (comités, Paris 1900) . . . . France.

Marioton (Claudius), sculpteur-ciseleur (comité d'admission, Paris 1900). France.

Piat (Frédéric-Eugène), sculpteur-décorateur (jury Paris 1878-1889; grand prix de collaborateur, Paris 1889; comités, Paris 1900) . . . . . France.

JURÉS TITULAIRES ÉTRANGERS.

Von Miller (Fritz), professeur à l'École des arts et métiers . . . . Allemagne.

Banffy (Comte Georges), conseiller intime, membre de la Chambre des Pairs . . . . Hongrie.

Del Nero (Angelo), commissaire spécial pour les Beaux-Arts, vice-président du jury international des Beaux-Arts à l'Exposition de Chicago de 1893 . . . . Italie.

Saïto (Kashiro), commissaire adjoint . . . . Japon.

JURÉ SUPPLÉANT FRANÇAIS.

Bergue (Adolphe), ferronnerie d'art (comité d'installation, Paris 1900). France.

JURÉS SUPPLÉANTS ÉTRANGERS.

Schricker (Docteur), professeur, conseiller intime, membre du Commissariat général allemand . . . . Allemagne.

Getz (John), chef de la décoration au Commissariat des États-Unis . . . . . États-Unis.

Koechly (Théodore), joaillier de la Cour Impériale et estimateur près le cabinet de S. M. l'Empereur . . . . Russie.

BRONZES, FONTE ET FERRONNERIE D'ART,
ZINC D'ART, MÉTAUX REPOUSSÉS.

INDICATIONS PRÉLIMINAIRES.

La quantité d'industries que réunit la Classe 97 en fait l'une des plus intéressantes du Groupe XV, une, aussi, des plus importantes au point de vue du nombre des exposants qui, pour la France, est très sensiblement le même en 1900 qu'en 1889.

Il était exactement, cette année, de 129 dont 89 fondeurs ou fabricants de bronzes d'art et d'ameublement, 22 fabricants de bronze imitation ou zinc d'art, et 18 ferronniers d'art ou fondeurs en fer.

Bien que, sous sa dénomination générale, la Classe 97 puisse comprendre les bronzes religieux, nous n'avons eu, cette année, aucun exposant dans cette spécialité dont MM. Poussielgue-Rusand et fils nous avaient, en 1889, donné un si superbe échantillon. M. Poussielgue fils, seul aujourd'hui, et ses collègues ont exposé leurs œuvres à la Classe 66 (Décoration fixe) et à la Classe 94 (Orfèvrerie). De même, les métaux repoussés, représentés en 1889 par de fort beaux et importants travaux de MM. Coutelier, Gaget-Gauthier, Mauduit, Chennevière, etc., ne figurent pas à notre classe. Enfin, M. Marrou (expert au Jury des bronzes en 1889), dont le couronnement de puits en fer forgé et les magnifiques fleurs en plomb repoussé nous avaient tant séduits en 1889, a émigré lui aussi à la Classe 66 avec plusieurs de ses confrères.

Si nos regrets, de l'absence d'éléments aussi intéressants, étaient vifs, leur amertume fut fort adoucie, car l'espace dont nous avons dû nous contenter pour l'installation des 129 exposants qui avaient répondu à l'appel du Comité était si exigu et d'une distribution si difficile que la plupart de nos collègues ont vivement souffert de la présentation défectueuse de leurs produits.

Comparé à celui de 1889, le nombre des exposants étrangers s'est considérablement accru, et nous avons eu à examiner les produits de près de 400 fabricants ou artistes.

Cet empressement qu'ont mis toutes les nations à répondre à l'invitation de la France, le désir qu'elles ont manifesté de paraître avec le plus grand nombre d'éléments possible, et les plus choisis, dans toutes les branches des arts ou de l'industrie nous ont été d'autant plus sensibles qu'ils nous prouvaient quel prix attachaient les étrangers à l'honneur de figurer et de concourir avec nos artistes ou fabricants français; mais il n'est, hélas! chose si précieuse qui n'ait son revers, et l'Exposition de 1900, qui fit l'émerveillement du monde entier par sa splendeur et par son importance était trop petite encore pour abriter aisément les milliers d'exposants qui s'y partageaient l'es-

_pace. Nous nous devions à nous-mêmes d'être largement hospitaliers pour les étrangers que n'effrayaient ni les distances, ni des frais considérables, et, forcés chaque jour de nous resserrer davantage, nous nous sommes trouvés, pour l'organisation de notre classe, dans des conditions particulièrement difficiles.

La surface qui nous avait été concédée, dans le Palais des industries diverses, à l'Esplanade des Invalides, était de 3,200 mètres environ et la surface utilisable (chemins déduits) de 1,500 mètres, malheureusement par la disposition dans l'architecture générale d'un étage supérieur, nos galeries latérales étaient peu éclairées et malgré la construction d'une annexe très coûteuse dans laquelle on centralisa toute l'exposition du zinc d'art, il fallut mesurer à chacun la place, et ce n'est pas sans de bien vifs regrets que nous avons dû constater l'impossibilité d'une distribution satisfaisante.

On aurait pu craindre que d'aussi mauvaises conditions dussent influer sur l'esprit de nos fabricants et les encourager peu aux énormes dépenses qu'ils projetaient de faire pour leurs expositions. Hâtons-nous de dire avec une légitime fierté que leur élan ne s'est pas un seul instant ralenti; malgré les efforts considérables qui ont été faits dans les sections étrangères, malgré les progrès remarquables que nous avons notés chez certains de leurs exposants, la France, pour cette industrie si artistique du bronze, est toujours à un rang très supérieur et sa prépondérance est indiscutée.

Si, dans son rapport sur l'Exposition de 1889, notre regretté collègue E. Colin a pu déplorer que le merveilleux effort de 1878 n'ait pas alors été renouvelé, et souhaiter pour l'avenir une réaction salutaire, il verrait avec nous aujourd'hui combien cette réaction a été vive et combien immense est le succès dont nous pouvons nous enorgueillir et dont les heureux résultats contribueront encore à la grandeur et à la prospérité de notre chère Patrie.

CONSIDÉRATIONS HISTORIQUES

SUR

LES INDUSTRIES RATTACHÉES À LA CLASSE 97.

BRONZE D'ART ET D'AMEUBLEMENT.

Point n'est besoin de rappeler ici combien anciennes sont les origines du travail des métaux et surtout du bronze dont l'usage remonte à la plus haute antiquité; chacun sait que, bien avant la civilisation égyptienne, l'art du fondeur était pratiqué dans l'Extrême-Orient; que, chez les Grecs, 500 ans avant J.-C., Theodoros et Ræcus coulaient, à Samos, les premières statues en bronze; enfin, qu'après l'invasion romaine une partie des chefs-d'œuvre de l'art grec furent détruits et que d'autres furent transportés à Rome où l'art du bronze se développa rapidement pour disparaître avec la décadence de l'Empire romain.

C'est au xiv* siècle seulement que nous pourrons entrevoir un réveil de cet art du bronze que la Renaissance va porter à son apogée. De savants archéologues ont consacré de nombreuses études à cette brillante époque, et les œuvres merveilleuses des Lorenzo Ghiberti, des Donatello, des Cellini, etc., sont trop connues pour que nous les rappelions; c'est en France, avec Jean Goujon, Germain Pilon, Prieur, qu'on doit suivre maintenant les progrès d'un art dans lequel nous allons bientôt passer maîtres; c'est, enfin, l'époque fastueuse de Louis XIV : de quel éclat incomparable brillèrent alors tous les arts somptuaires, à quelle richesse d'inspiration, à quel degré de perfection, ils atteignirent, il suffit d'en évoquer l'idée pour que Versailles, avec ses décorations éblouissantes, apparaisse à l'esprit frappé d'une telle splendeur! Le bronze, employé surtout jusqu'alors pour les statues, groupes ou fontaines, à décorer les places publiques, les monuments ou les jardins, va maintenant pénétrer dans les intérieurs et fournir aux architectes et aux artistes l'accessoire obligé de toutes leurs décorations. Embases ou chapiteaux, mascarons ou cartouches, appliques ou trophées, partout il réchauffera de ses ors les marbres aux riches veinages; capricieuses arabesques, rinceaux souples et délicats, il s'étalera sur tous les meubles dont il égayera les sévères architectures; employé sous toutes ces formes, il nous restera, des artistes admirables qui le travaillèrent, des chefs-d'œuvre dont la perfection ne saurait être surpassée!

De caractère plus large sous Louis XIV, de facture moins sévère, mais aussi brillante sous Louis XV, les bronzes deviennent à l'époque de Louis XVI, avec Gouthière, de véritables pièces d'orfèvrerie dont les ciselures sont exquises et les dorures incomparables. Pour les bronzes de l'Empire, d'un mérite artistique et d'un goût plutôt médiocres, ils peuvent encore être appréciés pour leur ciselure soignée et leur dorure parfaite, mais nous allons avec l'époque de la Restauration arriver à la décadence complète; des copies déformées, des fontes grossières, aucune ciselure, la dorure presque toujours remplacée par des vernis criards, voilà où en était alors cet art du bronze naguère si brillant, et ce n'est qu'au début de la seconde moitié du siècle que nous avons pu voir se réaliser quelques progrès.

C'est dans le bronze d'art proprement dit, dans la statuaire, qu'ils se révèlent tout d'abord et ce sont, hâtons-nous de le dire, nos artistes français, les Rude, les David d'Angers, les Carpeaux, les Barye qui vont donner l'impulsion; celui cependant qu'il faut citer avec eux, l'initiateur intelligent dont les efforts vont transformer en peu d'années notre industrie perdue, c'est Barbedienne de qui l'on a pu dire à juste titre qu'il fut une gloire nationale. L'idée qu'il eut d'appliquer le procédé Collas à la réduction des Antiques ramena le public au goût des belles œuvres mises ainsi plus facilement à sa portée; de plus, les avantages qu'il sut assurer aux artistes devinrent pour ceux-ci le plus précieux stimulant, et chacune des expositions où triomphait Barbedienne fut pour ses collaborateurs et pour leurs œuvres l'occasion des plus éclatants succès. L'exemple d'une réussite si rapide et si justifiée était fait pour encourager nos fabricants et nous retrouverons bientôt, en rendant compte des expositions particulières, tous les noms qui depuis longtemps ont conquis la faveur du public et sont l'honneur de notre industrie.

Les progrès furent moins rapides dans l'industrie plus spéciale du bronze d'ameublement, et ce retard provint de plusieurs causes que nous allons indiquer ici : alors que, pour la statuaire, l'artiste est affranchi de toute règle et peut librement exprimer les sentiments ou les passions qu'il veut traduire, il doit, pour une pièce d'ornement, se plier d'abord aux mille conditions qui lui sont imposées; la nature et les dimensions de l'objet, son usage, les matières différentes et souvent multiples dont il se composera, enfin, le prix de son exécution sont autant d'exigences auxquelles son talent devra satisfaire. Si l'on se représente la variété infinie d'objets, meubles, pendules, lustres, vases ou flambeaux sur lesquels peut s'exercer l'imagination d'un artiste, si l'on songe que la composition de chacun de ces objets si divers est régie par des lois différentes, on conçoit que, s'il ignore ces lois, s'il n'a des notions suffisantes d'architecture et s'il ne possède la connaissance parfaite de tous les styles, le plus grand artiste sera forcément incomplet! Lorsque nous ajouterons encore que, pendant longtemps, l'art ornemental a pu être considéré comme un art inférieur, on ne sera pas surpris de l'avoir vu délaissé par des maîtres qui s'y seraient certainement distingués.

Une autre cause fut encore la reproduction à outrance des objets anciens des xvii⁰ et xviii⁰ siècles, et celle-ci d'ailleurs fut la conséquence de la première. En effet, dans l'impossibilité d'obtenir des fabricants rien de comparable aux pièces qui nous restaient de ces belles époques, les amateurs prirent le parti de les faire copier. Il faut bien reconnaître que le résultat fut d'abord excellent, car le désir qu'ils eurent d'atteindre à la perfection du travail qu'on leur offrait en modèle et l'étude des styles à laquelle ils furent contraints firent rapidement acquérir à nos sculpteurs et à nos ciseleurs des qualités précieuses; mais le goût de ces reproductions s'étendant chaque jour, et les premiers fabricants qui s'y étaient consacrés obtenant de vifs succès, on devait rapidement arriver à l'abus et ce fut bientôt à qui copierait l'ancien, non plus le mieux, mais le plus économiquement, c'est-à-dire fort mal.

Les résultats si péniblement acquis allaient-ils donc être compromis? La situation était grave, car les étrangers qu'avaient séduits nos copies tentèrent, à leur tour, de les reproduire et, sans réussir aussi bien que nous-mêmes, ils perfectionnèrent cependant leur fabrication et prirent sur nos modèles des commandes qui échappèrent à notre industrie. Impuissants à nous défendre, les modèles anciens n'étant pas alors protégés par une loi, nous ne pouvions nous opposer à ces contrefaçons, et, nos nouveaux concurrents, nous taxant d'indifférence, se crurent assurés d'une liberté complète et ne craignirent plus de surmouler tous nos modèles, même les plus originaux [1].

Une réaction était urgente! Sans abandonner l'étude et la reproduction des bronzes anciens, source d'enseignements utiles et d'affaires encore nombreuses, il fallait à tout prix exciter l'émulation des artistes, stimuler l'amour-propre des fabricants et les entraîner enfin à la création de modèles nouveaux, s'adaptant d'une façon plus intime aux besoins sans cesse renouvelés de la société moderne et mettant à profit les applications nouvelles dont l'électricité nous offrait les ressources.

Parmi les premiers artistes qui entrèrent dans cette voie, il faut citer les noms de MM. Alphonse et Eugène Robert, de Constant Sévin, l'éminent collaborateur de Barbedienne, surtout de Piat, le créateur infatigable de qui chaque production fut un succès et qui, maître incontesté du bronze d'ornement depuis près d'un demi-siècle, nous étonne encore aujourd'hui par la fraîcheur de son talent; nommer les fabricants dont les généreux efforts et l'intelligente direction assurèrent la réussite du mouvement serait un rappel du palmarès de 1889. Ceux-là sont encore aujourd'hui parmi les premiers et nous serons heureux de leur rendre hommage au cours des visites que nous ferons bientôt à chacune de leurs expositions.

FERRONNERIE D'ART, FONTE DE FER.

Nous n'avons que fort peu de documents sur la ferronnerie antique et ce n'est guère qu'au moyen âge qu'elle devint un art véritable; les pentures de portes, les grilles qu'on a pu conserver des xie et xiie siècles témoignent de progrès notables et si on pense

[1] Le danger que faisait courir à notre industrie l'abus des contrefaçons était bien, il y a vingt ans à peine, tel que nous le rappelons ici, mais il est aujourd'hui en partie conjuré. Malgré les dépenses auxquelles ils se trouvaient entraînés, certains de nos collègues n'ont pas craint d'engager de nombreux procès, en apparence peu importants, mais dont les solutions heureuses ont donné à réfléchir aux contrefacteurs dont la mauvaise foi s'abritait derrière des textes de loi peu précis. Parmi ces fabricants, il faut citer surtout M. Soleau, qui s'est depuis quinze ans consacré à ces questions si arides de la propriété des modèles, et qui, par les luttes qu'il a soutenues dans tous les Congrès internationaux, par les études qu'il a publiées et par les conférences qu'il a faites sur ces sujets, a rendu à toutes les industries d'art de signalés services.

qu'aucun des merveilleux outils qui donnent aujourd'hui les fers tirés et moulurés n'existait alors, on est surpris de l'habileté de main et du goût vraiment artistique des ouvriers de cette époque qui devaient à la forge donner au fer les formes les plus diverses et les profils les plus compliqués.

Il y eut alors, dans tous les pays, d'habiles ferronniers; mais il est incontestable que c'est dans le nord de la France, les Flandres et les pays rhénans que l'art de la serrurerie atteignit au plus haut degré de perfection; chaque époque voit produire de véritables chefs-d'œuvre, les progrès sont constants; l'ouvrier, devenu maître en son art, habille élégamment ses lignes de figures, de feuillages ou de fleurons modelés à chaud; à son talent de forgeron, il ajoute celui du ciseleur, il devient releveur au marteau, et c'est alors aux xvii⁰ et xviii⁰ siècles que vont se créer les merveilles que nous admirons encore aujourd'hui. A côté des grilles de Versailles, des grilles de chœur de la plupart de nos cathédrales et entre autres de celles d'Amiens, il est impossible de ne pas citer l'ensemble magistral de celles de la place Stanislas (par Jean Lamour), à Nancy, qui nous fournissent l'exemple sans doute le plus complet et le plus harmonieux! Ce sont encore les balcons, les rampes aux feuillages délicatement ouvragés, ce sont des lustres, des potences, des lanternes, partout s'affirment le talent et la maîtrise et, dans toutes ces œuvres, la richesse de composition n'est égalée que par la perfection du travail.

Jusqu'à la fin du xviii⁰ siècle, l'art du forgeron est en honneur, et Louis XVI, comme on sait, ne dédaigna pas d'y consacrer ses loisirs! De cette époque aussi, il nous reste des pièces remarquables; les grilles et les rampes de Compiègne, la grille du Palais de Justice, à Paris, surtout la rampe du Petit-Trianon, dans lesquelles le bronze doré s'associe au fer forgé pour augmenter encore la richesse de l'ensemble, sont incomparables.

Comme tous les arts industriels, celui de la serrurerie fut, au début de ce siècle, quelque peu délaissé, et la fonte de fer, par l'économie que procurait son emploi, vint bientôt porter au fer forgé un coup funeste en le remplaçant presque partout. Les grilles, les rampes, les balcons, tous les ouvrages dont se glorifiait jadis l'art du serrurier furent exécutés en fonte et son usage devint en peu de temps général; depuis surtout que, par le procédé Oudry, on a pu espérer rendre la fonte de fer presque inoxydable, son emploi s'est encore généralisé, et, grâce aux énormes progrès réalisés par les fondeurs, elle remplace souvent aujourd'hui le bronze d'art. Les fontaines décoratives, les candélabres qui ornent nos places ou nos avenues sont presque exclusivement coulés en fonte et l'un des plus récents et des plus importants travaux de ce genre est la partie décorative du pont Alexandre III avec tous les balustres du garde-corps.

Si la fonte de fer a rendu d'immenses services, grâce à son prix peu élevé, et si, par là, nous devons nous féliciter des progrès qu'elle réalise, nous le pouvons d'autant mieux que l'art du ferronnier a profité, lui aussi, de la réaction dont toutes les industries d'art ont subi l'heureuse influence; d'habiles ouvriers se sont formés, et, dans les monuments publics ou dans de riches hôtels particuliers, des travaux fort importants ont, depuis 30 ou 40 ans, permis à nos ferronniers de montrer qu'ils pouvaient maintenant égaler leurs devanciers. L'Exposition de 1889 nous avait fait voir de fort beaux échantillons de cet art si intimement lié à celui de l'architecture ; nous avons, en 1900, à l'étranger comme en France, un choix plus considérable encore de pièces dont quelques-unes sont d'un travail remarquable.

ZINC D'ART, ÉTAINS.

Comme celle de la fonte de fer, l'industrie du zinc d'art a pris, elle aussi, une extension de jour en jour plus grande. La diversité des modèles, les patines qu'on réussit maintenant au point de donner au zinc la presque apparence du bronze, surtout le bon marché de ces éditions, tout a contribué à la prospérité de cette industrie ; si, par rapport au bronze d'art, elle ne peut figurer qu'au second plan, il faut cependant se féliciter de ce qu'elle concourt pour une certaine part à l'ensemble de nos productions et de nos exportations.

Le zinc se fond surtout dans des creux en bronze qui donnent des épreuves parfaites, mais ont l'inconvénient de revenir fort cher, puisque toutes les pièces du moule, en plus d'un ajustage assez délicat, doivent être très soigneusement ciselées ; aujourd'hui, l'abondance des modèles et leur renouvellement constant ont fait renoncer en partie à ces moyens trop coûteux, et la plupart des grandes pièces sont moulées au sable comme nos bronzes.

Il y a des siècles qu'on travaille l'étain, et des artistes de toutes les époques, séduits par la souplesse d'une matière si docile, ont repoussé et ciselé des pièces d'extrême finesse, coupes, vases, aiguières d'une richesse d'ornementation incomparable. Nous avions, en 1889, et retrouvons cette année à la Classe de l'orfèvrerie des œuvres du même genre, sur lesquelles l'imagination et le talent de l'artiste se donnent libre cours.

Hors de ces fantaisies brillantes où la nature du métal joue un rôle peu important, l'étain a été surtout employé dans l'orfèvrerie courante remplaçant ici l'argent trop dispendieux. Suffisamment allié pour avoir la dureté nécessaire, il reste souple, agréable au toucher, comme il convient à des objets constamment en usage tels que brocs, corbeilles, théières ou petits vases ; il est, enfin, d'un entretien facile et d'une propreté parfaite. Rien ne saurait là suppléer l'étain, et le bronze, métal trop dur, de ciselure coûteuse, qu'il faudrait argenter à grands frais et entretenir avec peine, serait d'un emploi détestable. Par contre, nous considérons comme un abus l'usage exagéré qu'on veut faire aujourd'hui de l'étain en s'en servant pour des statues, même des groupes, ou des vases à hauts reliefs qui ressortent essentiellement du bronze. Ici tout nettoyage est impossible et, en peu de temps, l'objet d'abord séduisant s'oxyde, devient noir et perd tout attrait, laissant l'impression d'une chose grossière ou peu soignée.

L'étain ne peut avoir ici qu'un avantage, celui de remplacer le zinc trop cassant et que, surtout, son extrême bon marché a rendu très vulgaire ; il ne saurait, dans tous les cas, faire oublier le bronze auquel on le substitue trop facilement et qui, pour ces pièces importantes, lui reste infiniment supérieur.

LES INDUSTRIES D'ART DE LA CLASSE 97
À L'EXPOSITION DE 1900.

Nous voici maintenant au seuil de l'Exposition de 1900, et l'impression qui se dégage de son merveilleux ensemble, comme de chacune des expositions particulières que nous visiterons tout à l'heure, est celle de l'effort! Cet effort immense, remplit tout du Champ de Mars aux Invalides, déborde des Palais, et les annexes hâtivement construites ont peine à contenir le trop-plein de la production fiévreuse du monde entier!

Il est difficile d'établir un parallèle entre les produits de pays que des mœurs et une éducation artistique différentes entraînent à des interprétations également diverses; mais l'effort est commun à tous; des progrès incontestables ont été réalisés partout dans la fabrication, surtout, des aspirations nouvelles se sont manifestées qui ne peuvent nous laisser indifférents et nous conduisent à dire quelques mots de cette évolution si caractéristique.

Si, pour la France, nous nous reportons à l'Exposition de 1889, nous constatons que, malgré d'honorables tentatives, l'abus des copies serviles d'ancien était encore général et condamnait le Jury à examiner jusqu'à six éditions d'un même modèle. Il nous est donc agréable de voir aujourd'hui ces copies peu nombreuses, et, si nous trouvons quantité d'objets qui interprètent les styles anciens, l'étude en est assez personnelle pour donner à ces compositions la valeur d'œuvres absolument originales.

A l'étranger, nous rencontrons un certain nombre de modèles du même genre, mais ils sont très inférieurs, ce qui s'explique d'ailleurs par la difficulté plus grande pour un étranger d'interpréter des styles français. Aussi, à part en Allemagne quelques meubles Louis XV avec bronze qui sont passables, le reste est franchement mauvais et certaines pièces italiennes en rococo sont de fort mauvais goût et d'une exécution qui laisse grandement à désirer.

Nous arrivons à cet effort considérable qui, dans tous les pays et dans toutes les industries d'art, s'est exercé vers le moderne et qui nous a valu, parmi un nombre infini d'essais plus ou moins heureux, quelques pièces de valeur. De cet effort, de ces quelques réussites, devons-nous conclure que nous voyons éclore un «style nouveau»? Nous ne le pensons pas, et notre impression personnelle est que nous en sommes bien loin encore!

Il suffit d'ailleurs de considérer ce que furent les styles anciens, de se reporter à la façon lente et progressive dont ils s'établirent, de penser à l'enchaînement qui les faisait se succéder l'un à l'autre en se modifiant et s'affirmant tour à tour pour juger des conditions bien différentes dans lesquelles nous nous trouvons aujourd'hui! Si l'on songe encore à l'influence profonde qu'avait sur un style la monarchie sous laquelle il se précisait, on comprend que l'esprit du monarque, son caractère, ses qualités et ses défauts même devaient influer sur les artistes dont il s'entourait, et donner à leurs efforts pour lui plaire une unité de direction dont profitaient leurs œuvres et qui s'étendait à l'art décoratif tout entier.

Quelles sont les conditions actuelles? Bien loin de rechercher une direction, nos artistes, affranchis aujourd'hui de toute servitude, n'ont d'autre souci que d'affirmer leur personnalité et leur originalité propres! Quelques-uns, nourris des saines traditions du passé, construisent suivant les règles invariables de l'art et nous présentent des œuvres modernes d'idées ou de détails, mais solides et raisonnées; combien d'autres, trop nombreux, hélas! plus désireux de frapper l'esprit que de le satisfaire, nous montrent de véritables incohérences, conçues sans aucun plan, étudiées sans bases sérieuses, et faites pour dégoûter à tout jamais du style qu'elles prétendent innover!

Est-ce à dire que nous jugions la formule monarchique indispensable à l'édification d'un style? Loin de là! A défaut de l'impulsion que ne peuvent donner aux arts les gouvernements trop occupés de problèmes sociaux autrement ardus; à défaut du Mécène richissime qui les pourrait remplacer, mais qu'une telle tâche effrayerait peut-être, il nous reste l'étude sérieuse de l'art ancien, l'étude approfondie de la nature, ce livre d'art toujours nouveau constamment ouvert à nos yeux; enfin, pour l'ouvrier, artisan obscur de qui la collaboration est si précieuse que nos anciens artistes étaient tous d'habiles ouvriers, l'école professionnelle qui lui fait, par le dessin, pénétrer la pensée du sculpteur et lui permet de la traduire en l'embellissant encore de toutes les finesses du métal qu'il travaille.

Est-ce à dire, encore, que l'évolution actuelle nous paraisse sans intérêt? Bien au contraire, et les tendances que nous avons montrées dans nos compositions personnelles confirment là toutes nos idées; mais nous souhaitons une évolution progressive, et non pas une révolution brutale qui détruise nos traditions, nous voulons des règles enfin, parce que rien ne s'édifie sans elles!

Pour examiner avec fruit cette production intense de 1900, il nous faudrait pouvoir, avec nos industries du métal, embrasser à la fois celles de l'ameublement, de l'orfèvrerie, de la céramique... toutes celles de l'art décoratif, enfin, car elles se complètent les unes les autres, et nous trouverions, avec un champ plus vaste, des comparaisons plus faciles, mais nous ne pouvons empiéter sur les attributions de nos collègues et nous devons nous borner; prenons donc d'abord, dans ces deux parts que nous faisions des œuvres « nouvelles », la plus importante et la plus mauvaise pour réserver à notre conclusion le réconfort de celle, malheureusement bien petite, qui peut renfermer quelques promesses.

L'art *outrancier* moderne, thème agréable au critique embarrassé seulement du choix des qualificatifs, art qui paraît s'inspirer des époques imprécises où la nature était en formation, art dans lequel la femme a, pour cheveux, des lanières; l'homme, pour muscles, des peaux; où les objets n'ont plus de formes, mais des intentions, l'art enfin dans lequel manque surtout l'Art, et qui règne en maître à l'Exposition, sévit partout avec fureur, et chaque pays fournit sa note à ce concert international; c'est cependant à l'étranger qu'il revêt les formes les plus inattendues, et ce nous est une satisfaction de le constater. Nos artistes devraient juger par là de l'intérêt qu'il y a pour nous à ne pas suivre une voie si différente de celle que nous ont préparée nos vieilles traditions d'art! Si les étrangers cherchent un style dans une note si particulière, c'est qu'ils n'ont pas ces assises sur lesquelles nous avons pu édifier les nôtres; si nous cherchons à notre tour une voie nouvelle, que ce soit donc en nous appuyant sur des bases qui puissent nous conserver la suprématie qu'elles nous ont toujours assurée.

Les salons dans lesquels certains exposants ont concentré leurs productions les plus exagérément modernes pour en créer des ensembles sont des sanctuaires où nous allons maintenant pénétrer. Le jour est savamment mesuré, et, dans cette lumière discrète qui répand sur tout un certain charme, l'impression n'est pas d'abord sans quelque attrait; c'est comme une pieuse visite à des reliques très anciennes qui vous reportent aux premiers âges de l'humanité; ces meubles, soudés les uns aux autres et figés à jamais dans une éternelle immobilité; ces tables à peine équarries, ces chaises grossières dont les montants sont des ossements ou des branchages dénudés polis par les siècles, sont bien l'œuvre de l'homme cherchant des formes dont rien auparavant n'a pu lui fournir l'idée; ces entrelacs dont les lignes s'enroulent à l'infini, sont des lianes que tressa pour sa paillotte lacustre un ancêtre plusieurs fois millénaire; ces statuettes, vagues ébauches tenant encore au bloc d'où les sortit quelque instrument primitif, sont les essais naïfs d'un troglodyte en qui jaillit la première étincelle de l'art...

Seraient-ce donc là ces merveilles que nous promettaient nos artistes et leur « style nouveau » ne différerait-il des précédents qu'en ce qu'il puiserait ses origines à celles mêmes de la formation des mondes? Toutes ces choses mortes sur lesquelles paraît s'être étendu le voile brumeux des âges, tous ces objets étrangers à notre œil et peu conformes à nos habitudes, ces décorations qui nous menacent de leurs longs tentacules, ces bronzes amollis, ces étains fuyants, ces lustres aux squelettes rongés, ces ferronneries grimaçantes, tout cet échevèlement d'une flore sous-marine qui, sous la lumière douteuse, paraît s'agiter dans les glauques profondeurs; c'est à quoi nous auraient conduits les siècles accumulés d'une civilisation aujourd'hui la plus raffinée? Tout cela, ce serait l'*art moderne*?

On a beaucoup ri de cette idée baroque du *Manoir à l'envers* qu'on a pu croire l'œuvre d'un cerveau déliquescent; nous nous demandons, en évoquant ces formes de l'art moderne dont nous venons de parler, si le sens de cette *maison retournée* n'est pas beaucoup plus profond et si elle n'exprime pas mieux que toute critique l'ironie pleine de pitié d'un artiste doublé d'un philosophe, pour cette catégorie d'art et pour ses interprètes! Allez, statuettes étiques, rachitiques ou difformes; *Fleurs de Mal* ou *de Péché*; *Fleurs de Vice* ou *de Mort*; fleurs malsaines qui sentez la tombe; vases aux ventres gonflés que déforment des tumeurs; coupes que remplissent de leurs larmes ou de leurs vomissements les larves qui se penchent sur vos bords, allez dans ce *manoir à l'envers*, et, comme un mauvais rêve, disparaissez avec lui...

Jouissons maintenant d'œuvres plus calmes et dans lesquelles les lignes tranquilles d'une architecture solide se revêtent d'ornementations inspirées d'une nature plus saine et plus discrètement interprétée. Pour être moins nombreuses, ces œuvres existent et, si elles ne restent pas comme une formule définitive encore, elles marqueront une étape.

Des critiques de talent de qui nous partageons toutes les idées quant aux exagérations dont nous parlions tout à l'heure, révoltés de la faveur dont elles ont semblé jouir près de certain public d'un snobisme ignorant, ont renoncé à établir une distinction et réuni dans une même réprobation tout ce qui s'annonce sous l'étiquette *Art nouveau.* Quelques-uns, même, ont nié la possibilité ou encore la nécessité de créer un style, oubliant qu'un style ne se crée pas *par nécessité,* pas plus qu'il ne s'improvise! Aussi nous séparons-nous d'eux sur ce point.

Comme nous le disions aux pages précédentes, un style est le produit d'une évolution lente; il ne se crée pas, il s'établit; il est à peine établi qu'il se modifie et se transforme : réunissons une certaine quantité d'objets de même sorte, des appliques de lumières, par exemple, composées aux différentes périodes du règne de Louis XV, style accusé s'il en fût; les premières seront encore presque Louis XIV, les dernières préluderont au Louis XVI et les différences qui paraîtraient profondes entre trois types du Louis XIV, du Louis XV et du Louis XVI sont, en réalité, presque insensibles dans l'enchaînement des périodes transitoires; les lignes architecturales restées fermes, classiques, n'éprouvent que des modifications peu apparentes, et, seuls, les ornements ou les feuillages sont interprétés d'une manière différente que les artistes d'alors qualifiaient *à la moderne;* ils avaient donc la volonté de chercher quelque chose de nouveau, mais c'est à leur insu même qu'ils préparaient un style, comme certains artistes consciencieux cherchent aujourd'hui et, sans doute, en préparent un autre.

Quel sera-t-il? Il est absolument impossible de le prévoir; mais puisque les anciens ont de façon si calme établi des styles si puissants, profitons de leur exemple et tirons de notre glorieux passé et du riche patrimoine d'art qu'il nous a légué les enseignements qui nous conduiront peut-être, en procédant de même, à d'aussi heureux résultats!

EXPOSANTS HORS CONCOURS

COMME MEMBRES DU JURY DANS DIFFÉRENTES CLASSES.

MM.

Thiébaut, président (Classe 97)... France.
Kautsch, vice-président (Classe 97). Bosnie.
Vian, rapporteur (Classe 97)..... France.
Susse, secrétaire (Classe 97)..... France.
Blot, membre du Jury (Classe 97). France.
Joffrin, membre du Jury (Classe 97) France.
Bergue, suppléant (Classe 97).... France.
Von Miller, membre du Jury
    (Classe 97).............. Allemagne.

MM.

Bricart, vice-président (groupe XV). France.
Caïn, membre du Jury (Classe 66). France.
Coupri, membre du Jury (Classe 94). France.
Desbois, membre du Jury (Classe 9). France.
Krüpp, membre du Jury (Classe 9). Autriche.
Société du Val d'Osne, membre
    du Jury (Classe 9).......... France.

RÉCOMPENSES DÉCERNÉES.

	FRANCE.	ÉTRANGER.
Grands prix	9	8
Médailles d'or	36	68
Médailles d'argent	38	77
Médailles de bronze	23	100
Mentions honorables	12	43
Totaux	118	296

COLLABORATEURS.

	FRANCE.	ÉTRANGER.
Grands prix	1	1
Médailles d'or	52	4
Médailles d'argent	127	16
Médailles de bronze	101	19
Mentions honorables	9	19
Totaux	290	59

Avant d'entrer dans le détail des récompenses, avant même de rendre compte, comme il est d'usage de le faire, des expositions de nos collègues hors concours dont les noms sont indiqués plus haut, nous voulons renouveler ici à M. V. Thiébaut, l'aimable et distingué président du Jury, l'expression de notre sympathique gratitude pour la manière libérale et courtoise dont il a dirigé toutes nos opérations. Nous voulons aussi remercier tous les jurés étrangers du concours si utile qu'ils nous ont apporté et rendre justice à la rare compétence qui les distinguait tous et qui nous rendit leur avis si précieux; nous voulons redire, enfin, quelle entente cordiale n'a cessé de régner dans notre Jury, quelle communauté de vues a constamment uni tous ses membres dans leurs appréciations, et, dans des jugements si délicats où tout doit être considéré : valeur artistique du modèle, qualités d'exécution, prix de vente, chacune de ces conditions devant être pesée mûrement, nous aurons la satisfaction la plus vive de penser que rien n'a été épargné pour que les récompenses soient la sincère expression d'un vote généralement unanime.

Nous n'avons à exprimer qu'un regret, c'est qu'il n'ait pas été établi de récompense intermédiaire entre les médailles d'or et d'argent. Les efforts ont été chez tous si considérables que certaines médailles d'argent eussent mérité mieux. Nous avons dû cependant résister à notre désir d'augmenter le nombre des médailles d'or pour laisser à celles-ci toute leur valeur; mais nous croyons que dans tous les Jurys on a souffert de la même difficulté et pensons que, pour l'avenir, la création d'une médaille de vermeil répondrait à un désir général que nous formulons ici.

On nous a reproché d'avoir fait preuve envers les étrangers d'une générosité peut-être un peu grande. En dehors d'une courtoisie bien naturelle, nous avons dû mettre en balance l'importance des maisons et non pas seulement celle d'expositions quelquefois très incomplètes. Sauf quelques relèvements auxquels, au Jury de Groupe, il nous a paru aimable d'acquiescer, toutes les récompenses ont été le résultat des votes du Jury tout entier, sur les notes prises par chacun de ses membres au cours des visites faites en commun à toutes les expositions particulières.

Dans la revue que nous allons passer de celles-ci, nous aurons le plaisir de commencer par celle de l'exposition de M. Thiébaut, président du Jury :

La mort de ses deux frères a laissé M. V. Thiébaut à la tête d'une affaire si considérable qu'il s'est résolu à la scinder. Gardant l'importante fonderie si universellement réputée, il a cédé à ses deux jeunes colleborateurs, MM. Fumière et Gavignot, la maison de bronzes d'art et d'ameublement qu'il avait, avec ses frères, fondée avenue de l'Opéra; mais, pour paraître avec plus d'éclat à l'Exposition, les deux maisons se sont réunies, et dans un décor du goût le plus parfait.

Sous un velum légèrement teinté pour adoucir l'éclat du jour, le *Saint-Georges*, de Frémiet, s'éclaire d'une lumière blonde et discrète qui lui donne un air d'apparition! Ses proportions considérables, sa chaude patine d'or, cette harmonie parfaite de lumière et de couleur sont d'une intensité d'effet si particulière que personne n'a certainement échappé à l'impression que nous avons ressentie nous-mêmes de la présentation de cette œuvre maîtresse. Autour d'elle sont réunies des pièces, qui, pour être de dimensions moindres, sont cependant remarquables et qu'il faudrait détailler toutes; un buste de femme (de L. Convers) au pied même du groupe de Frémiet est, à notre avis, d'une réussite absolue, et pour l'exécution, rendue des plus délicates par l'assemblage de marbres très différents, et pour le choix même de ces marbres qui forment, avec la chevelure et le manteau en bronze (fondus à cire perdue), un ensemble d'une harmonieuse tonalité.

Les fontes à cire perdue sont nombreuses; à côté des groupes importants de Gardet : (les *Panthères*), de Peter (*Lionne et lionceau*), de statuettes ou bustes de Guittet, de Vernhes ou de Bonval, M. Thiébaut a la coquetterie de l'infiniment petit et nous montre, au sortir du moule, la fonte brute d'un vase minuscule, véritable dentelle que voudraient signer les plus fins artistes japonais. Puis, ce sont les marbres! statues ou bustes de Falguière; l'*Écho de la vague*, de Chapu; le *Crépuscule*, de Boisseau; les *Panthères*, de Gardet, pour lesquelles MM. Fumière et Gavignot ont su trouver un marbre blanc clair moucheté du plus heureux effet. La sculpture chryséléphantine est représentée par des pièces d'une finesse extrême et d'un soin tout particulier d'exécution; la *Paix armée*, de Coutan; la *Renommée*, du même artiste, et la *Judith*, d'Aizelin.

Il faut citer encore, pour la partie plus spéciale de l'ameublement, un choix de garnitures de cheminées, des grands candélabres Louis XIV, de Steiner, des vases Empire, et, comme recherche à signaler, une torchère, dont tous les éléments dorés formant bouquet de lumières électriques sont fondus à cire perdue. M. Fumière a dessiné un lustre de genre Empire resté très classique, malgré sa disposition spéciale d'électricité; nous avions cité déjà le nom de M. Bonval, nous le retrouvons avec un lustre moderne à fleurs électriques et figures de femmes. M. Clausade a, dans le même genre, composé un lustre avec enfants, d'effet assez original.

Nombreux sont les artistes et les ouvriers dont il est nécessaire de s'entourer pour l'exécution de toutes ces œuvres; nombreuses aussi ont été les récompenses qu'ont demandées pour eux MM. Thiébaut, Fumière et Gavignot, et vingt médailles ont été attribuées à ces modestes et si utiles collaborateurs; trois médailles d'or à MM. Alliot, dessinateur, Paret et Laîné, contremaîtres; sept médailles d'argent à MM. Heyner, dessinateur, Guignon, contremaître, Bingen et Mercher, mouleurs, Denis et Normand, ciseleurs et Dubernelle, monteur; enfin dix médailles de bronze à MM. Chablat, Brelle, Dejouy, Canard, Forgeot, Reversé, Gravonne, Touron, Maclet et Cahen.

M. H. Kautsch, vice-président du Jury, est un artiste dont le talent si parisien est apprécié ici autant qu'il l'est par ses compatriotes. La ravissante plaquette, qu'il a composée pour rappeler la participation de la Bosnie-Herzégovine à l'Exposition de 1900, est une œuvre délicate et d'idée charmante : Paris, sous les traits d'une belle jeune femme, couronne un Bosniaque agenouillé devant elle et lui présentant les divers produits des arts et de l'industrie; une jeune fille en costume national, que Paris reçoit affectueusement, fait offrande à la Ville des fruits de son pays; de celui-ci, quelques monuments pittoresques s'estompent à droite, formant opposition à Notre-Dame de Paris qu'on devine à gauche, sous le soleil éblouissant! Au revers, charmante perspective du pavillon si réussi de la Bosnie-Herzégovine, à la rue des Nations.

M. Kautsch se révèle encore statuaire remarquable et le buste qu'il a fait de S. M. l'Empereur d'Autriche et qui figurait au joli palais de la rue des Nations est une œuvre qui valut à son auteur des compliments justement mérités. Il ne dédaigne pas non plus de plier son talent aux exigences d'œuvres industrielles et nous avons noté, au cours de nos visites chez les fabricants, quelques fantaisies originales autant que gracieuses; si nous ajoutons enfin que, dans le concours qu'il prêta à M. Moser pour l'arrangement de la partie industrielle et artistique au pavillon de la Bosnie-Herzégovine, M. Kautsch a fait montre d'une véritable science d'organisateur, on jugera que les félicitations que nous lui adressons ici sont aussi sincères que justifiées.

C'est à mon exposition que nous conduit maintenant l'ordre que nous suivons. S'il est difficile de bien parler des autres, combien est-il plus délicat de parler de soi-même! Le plus souvent, lorsque le rapporteur est exposant, le président du Jury veut bien le suppléer un instant et lui épargne, en le couvrant de fleurs, l'embarras de toute fausse modestie. Loin de se soustraire à cette obligation, M. Thiébaut, j'en suis sûr, aurait été heureux d'encourager encore de ses affectueux compliments l'exposant auquel il a bien voulu prodiguer les éloges les plus flatteurs; il me paraît cependant préférable, en présentant ces œuvres qui me sont personnelles, d'indiquer simplement quelles idées m'ont inspiré, quel but j'ai poursuivi, de dire enfin, pour certaines d'entre elles, pourquoi je crois avoir réussi et j'aurai conscience d'user dans cette analyse d'une complaisance moins grande que celle qu'aurait sans doute un ami trop indulgent.

Comme l'ont fait plusieurs de mes collègues, et pour donner à des objets assez variés des cadres mieux assortis, j'ai divisé en trois salons inégaux la place dont je disposais, résistant surtout à l'entraînement presque général qui pousse à remplir une exposition d'objets souvent peu intéressants, mais de vente facile; si j'ai par là manqué certaines affaires, l'impression générale a été plus nette et, je le crois, meilleure.

D'un des petits salons, je dirai peu de chose, les objets qui y figuraient étaient pour la plupart reproduits d'anciens et ne se recommandaient que par une fidélité absolue et une exécution très soignée; un petit lustre que j'avais composé en Louis XVI, avec branchages à fleurs de Saxe, a obtenu quelque succès; dans le salon central, j'avais réuni un certain nombre de pièces reproduites d'ancien : guéridons Louis XVI ou Empire, et, sur l'un d'eux, la fameuse pendule *les trois Grâces,* de Falconnet; des torchères Louis XIV, les ravissantes femmes (torchère de Falconnet), en marbre blanc statuaire, avec bouquet de fleurs porte-lumières; enfin des appliques, pendules et chenets de toutes sortes; en lustrerie, quelques modèles composés dans les styles Louis XV et Louis XVI, avec cristaux, dont le meilleur compliment qu'on ait pu m'en faire est de les avoir crus reproduits d'ancien; en ferronnerie, deux vitrines Louis XVI, fer forgé, très légères et fort simples, mais de bonnes lignes, enfin deux lustres très spéciaux que je décrirai tout à l'heure.

Dans le dernier salon, j'avais réuni mes *compositions modernes!* Aux angles, des bouquets de lis et de chrysanthèmes aux fleurs lumineuses, sortaient des boiseries pour s'épanouir dans la corniche; une cheminée d'architecture originale, en marbre vert de Suède très doux et bronzes dorés, avec bouquets de pivoines lumineuses; un guéridon à branchages d'olivier; un énorme vase en grès avec monture très robuste, un autre avec garniture de glycines, un plus petit à cyclamens, enfin, un petit lustre à roseaux et coquilles et la balustrade en ferronnerie avec fleurs de pavots en bronze, tel est le résumé des objets qui garnissaient ce salon minuscule! Le petit vase à cyclamens et celui à glycines ont été trouvés bien; leur composition se résume d'ailleurs à une interprétation de la nature, comme celle des branches de lis et de chrysanthèmes dans l'arrangement desquelles il suffit d'un peu de recherche; le gros vase porte-palmier a beaucoup plu; ses proportions énormes exigeaient une étude plus sérieuse et les pivoines dont j'avais composé les anses, avec leurs fleurs s'épanouissant dans la ceinture et leurs racines garnissant la base, ont été, par mon excellent contremaître, Binet, modelées d'une façon délicieuse; la cheminée ne me plaît guère et je confesse que c'est elle qui m'a donné le plus de mal! Le lustre roseaux est une gentille fantaisie : sur une tige centrale, faisceau de massettes dont trois sont des lampes électriques, s'attachent trois coquilles cristal d'éclairage très doux, quelques algues et feuilles les soutiennent; en haut, s'épanouissent des panicules de fleurs de roseaux formant pavillon.

Les deux lustres du salon central ont été un tour de force de préparation et d'exécution; je me suis proposé, pour le plus grand, d'exprimer, en Louis XIV, l'idée qu'aurait pu avoir un artiste de cette époque s'il avait disposé de nos moyens actuels et possédé l'éclairage électrique. Sur une architecture très classique et formée de quatre montants doubles, se placent quatre énormes coquilles de cristal des bords desquelles pendent de grosses congélations; celles-ci sont creuses et lumineuses, les coquilles également, mais d'un ton adouci qui met en valeur les brillants des glaçons; de gros mascarons de dieux marins, enguirlandés d'algues dont les chutes bordent les coquilles, garnissent les montants; dans la partie moyenne de ceux-ci, des dauphins vomissent des congélations lumineuses, enfin, au sommet, une couronne de roseaux lumineux complète l'éclairage très doux et à la fois très intense. Parti pris absolument classique, interprétation entièrement nouvelle.

Dans le lustre vagues et sirènes, les difficultés étaient plus grandes encore, toute sa construction étant en cristal! Autour d'une vague dont se compose la vasque inférieure, des naïades forment une ronde et se découpent en dorure sur le fond clair du cristal; des algues tombant du pavillon, que quatre dauphins surmontent, se dédoublent et entourent gracieusement les sirènes. Je n'ai procédé ici d'aucun style et l'idée est entièrement nouvelle; les figures, charmantes de mouvement, comme celles d'un vase que j'ai composé dans le même esprit, ont été modelées par Pilet, qui les a fort bien traduites; quant à l'étude de la fabrication des cristaux, j'ai trouvé chez MM. Houdaille et Triquet un empressement dont je veux les remercier encore et suis heureux que ces travaux aient contribué à leur assurer la médaille d'or qu'ils méritaient si bien. Je parlais d'un vase *Vague*, ce modèle et surtout ceux des trois lustres précédents sont assurément les pièces que je crois avoir le mieux réussies, leur effet sur le public a été considérable, et, ce qui me touche davantage, elles m'ont valu de mes collègues et des artistes, à côté de petites critiques que j'accueillis avec grand plaisir, des compliments auxquels j'ai été très sensible.

Je serai heureux de nommer en terminant quelques-uns des collaborateurs que j'ai pu faire récompenser : c'est, aux médailles d'or, d'abord Jean (Albert), mon contre-maître depuis plus de trente ans, et Boulay, doreur, proposé d'ailleurs par plusieurs de mes collègues; aux médailles d'argent : Adam, dessinateur; Binet, modeleur; Mayer, contremaître; Haas; Gobert, Bagès, Sevestre, doreur; Chatelier (E.); Chatelier (A.); Verneuil; enfin, Touquet, dessinateur, Houdar, Lereau et Denoyelle, aux médailles de bronze.

M. Susse ne s'est pas contenté d'exposer de jolis bronzes, il a voulu les encadrer dignement et l'arrangement décoratif de son exposition, très simple, mais particulièrement réussi, met bien en valeur toutes les œuvres qu'il nous présente.

Celles-ci sont nombreuses et, parmi les plus intéressantes, nous indiquerons d'abord le *Gardien du secret*, de Saint-Marceaux, figure d'une allure si belle et d'une merveilleuse intensité d'expression; l'exécution en est parfaite et la patine admirablement appropriée au sujet.

On peut classer dans la sculpture chryséléphantine, bien que l'or soit ici remplacé par l'argent, les deux jolies figures de Barrias la *Renommée*, très belle, et la *Jeune fille de Bou-Saada*, que nous lui préférons encore, d'un charme exquis dans sa pose gracieusement naïve; l'ivoire est travaillé avec le soin le plus grand et la douceur de l'argent,

dont sont faites les draperies, ajoute encore à la délicatesse des figures; également de
Barrias nous remarquons la *Jeanne d'Arc prisonnière,* en ivoire et bronze nickelé et la
Nature se dévoilant devant la Science, très beau groupe en bronze doré de deux tons, puis,
de Dalou, une épreuve du *Lavoisier,* dont l'original est à la Sorbonne.

Ce sont maintenant les œuvres de Boucher : l'*Hirondelle blessée,* l'*Amour boudeur;* puis
la *Renommée,* de Falguière; *Jason rapportant la toison d'or,* de Lanson; de Lormier, le
Sauveteur, qu'on devine prêt à tous les dévouements sous sa rude enveloppe, dont le
bronze accuse l'énergie; puis encore, de Michel, la *Pensée;* de Mengin, le *Puits qui parle,*
composition originale et de construction pittoresque; les groupes ou figures d'Allouard,
de Belloc, de Bloche, de Seysses, de Vital-Cornu, etc., enfin, de Debon, Ledru, etc.,
quantité de cache-pots ou vases d'allure moderne *Vase iris, Jardinière tulipes,* etc., pour
lesquels M. Susse adopte de préférence l'étain, comme plus propre à rendre les demi-
teintes et les douceurs de la sculpture.

MM. Susse frères ont présenté un certain nombre de collaborateurs; citons pour les
médailles d'or : MM. Albert Rose, directeur des travaux, ciseleur de talent; Maugenot,
Werr et Hubert, ciseleurs; et MM. Gautruche et Chezal, décorateurs, Jadouin, monteur,
Papa, Jadouin et Poutrait, ciseleurs, pour les médailles d'argent.

De tempérament artiste, M. Blot s'était, en 1889, révélé déjà par une exposition
remarquable et pleine de promesses, qui lui avait valu la médaille d'or; il a maintenant
abordé le bronze d'art, et ses bronzes et étains lui sont le sujet d'une exposition complètement distincte de celle du zinc. Les œuvres sont d'ailleurs les mêmes et c'est là
qu'il est aisé de constater quels progrès a réalisés l'industrie du zinc, certaines éditions
de ce métal étant si bien patinées qu'elles paraissent beaucoup plus «en bronze» que
d'autres qui le sont réellement!

Des deux expositions de M. Blot, nous ne dirons que peu de chose au point de vue
fabrication, celle de tous ses zincs étant parfaite et celle des bronzes généralement
soignée; mais, où notre collègue se distingue particulièrement, c'est dans l'ardeur
avec laquelle il s'associe à l'évolution actuelle; bien qu'il apprécie tout ce qu'a produit
de parfait l'art ancien, dont il reconnaît toutes les beautés, il est de ceux qui estiment
qu'à des temps nouveaux de nouvelles formules sont nécessaires et nous chercherions
vainement dans son exposition des souvenirs du passé! Le présent lui suffit à peine, et
nous ne blesserons pas M. Blot, en disant de lui qu'il est un moderniste convaincu!

C'est un compliment, d'ailleurs, que nous lui adressons là, car de toutes ses tentatives, beaucoup sont heureuses et les quelques essais infructueux sont vite oubliés devant une réussite à laquelle nous applaudissons sincèrement.

Parmi tous les modèles nouveaux de M. Blot, une des pièces principales est la grande
horloge, de Jouant, formant jardinière et motif d'éclairage; l'architecture est en bois
teinté, les ornements en bronze, étain ou zinc suivant le prix des épreuves; l'idée *La
Chute des heures* est gracieusement indiquée par douze figures de femmes, les unes
s'éveillant sous les soleils de midi (motif lumineux du sommet), les autres descendant
jusqu'à la base dans les pavots et la nuit où elles s'endorment.

Du même artiste, un vase le *Crépuscule :* des sapins majestueux se dressent et, dans le bois sacré apparaissent, rêveuses, les Muses que l'épaisseur du feuillage protège des indiscrets regards. De Marcel Debut, un autre vase décoratif *Je meurs ou je m'attache,* femme que des lierres emprisonnent; la même idée se retrouve dans le groupe de M. Caussé : le lierre sous la forme d'une gracieuse figure prend racine sur le mur par les mains et les pieds; de Caussé également, l'*Aurore boréale,* le *Liseron.* Notons une fantaisie originale, *la Lame,* de Peyre, femme nue frisonnant à l'approche d'une vague en cristal irisé; de van Straeten, la *Frileuse,* encrier avec une lampe électrique simulant la flamme d'un bûcher auquel une ravissante frileuse encapuchonnée se chauffe les mains; puis des statues ou bustes d'Allouard, Albert Lefeuvre, Nelson, Vital-Cornu, Steiner, de qui nous revoyons avec plaisir l'*Almée,* qui avait eu tant de succès en 1889, enfin des fantaisies d'éclairage et des vases de toutes sortes de Jouaut, Maurel, César Bru, Michelet, Peyre, etc., la quantité en est énorme et le choix des plus heureux.

M. Blot a de nombreux collaborateurs, nous citerons les récompenses qui leur ont été attribuées : pour les médailles d'or, MM. Renvoisé, Détampel, Auselnet, Simon et Jouaut; et pour les médailles d'argent, MM. Ploten, Nainer et Bulio.

M. Joffrin, président de la chambre syndicale du zinc d'art, membre du Jury, n'a pas voulu créer de ces modèles très importants, faits en vue des expositions et qui, sortant du genre habituel d'une maison, ne donnent le plus souvent, de sa fabrication, qu'une impression inexacte; il nous présente bien une série de nouveaux modèles dont quelques-uns même fort gracieux de Louis et Auguste Moreau, mais, comme ses modèles courants, ceux-là sont conçus en vue d'une production dont le bon marché nous paraît incroyable.

Nous serions plus volontiers sensibles à la recherche artistique ou aux qualités d'exécution qu'à des questions d'économie, mais, si l'on veut songer au chiffre considérable d'affaires d'exportation que traitent les étrangers, et surtout les Allemands, grâce à des prix qui paraissent défier toute concurrence, on trouvera comme nous que, dans ce genre tout spécial, c'est encore un progrès que de produire mieux qu'eux et à meilleur marché; notre commerce extérieur s'en augmente, notre industrie en profite et ce sont là d'heureux résultats en considération desquels il nous faut féliciter M. Joffrin très sincèrement.

Parmi les collaborateurs de M. Joffrin, nous citerons d'abord M. Moreau (Auguste), que nous nommions plus haut et à qui a été attribuée une médaille d'or et MM. Moreau (Louis), sculpteur, Joffrin (M.) et Godillot, contremaîtres, aux médailles d'argent.

M. Bergue, membre du Jury, s'est fait une réputation que justifie pleinement son talent. Dans cet art de la serrurerie, dont nous étions si heureux de constater le relèvement, il est impossible de pousser plus loin la perfection du travail, et les deux portes qu'a faites M. Bergue, pour son exposition, l'une renaissance, l'autre gothique, sont, chacune en son genre, plus faites pour un musée que pour la décoration d'un intérieur, quelque riche qu'en soit l'arrangement.

La porte gothique est à deux vantaux et chacun de ceux-ci est divisé en dix panneaux, six rectangulaires à la partie haute et quatre carrés formant soubassement, séparés des premiers par une frise à hauteur de cimaise. Comme les artistes anciens, M. Bergue a voulu qu'aucun des panneaux ne fût d'un dessin semblable, et, dans les encadrements de moulures qui les entourent, c'est là une suite de véritables tableaux que ces vingt motifs délicatement ajourés, fine dentelle d'arceaux, d'ogives et de rosaces que l'artiste a patiemment découpées, ciselées et polies. Le fond, de cuir d'un ton cuivré très doux et très original, fait ressortir encore la richesse d'un ensemble tout à fait réussi.

Dans la porte Renaissance, la manière est différente, les motifs dont elle se compose étant repoussés au marteau; mais c'est la même recherche dans la composition, le même soin dans le fini des ciselures, la même perfection dans tous les détails d'un travail irréprochable.

A côté de ces deux pièces importantes, M. Bergue a tout un choix d'appliques, de torchères, de lustres, de garde-feux, dans lesquels nous retrouvons le souci d'une exécution soignée; un petit lustre gothique est ravissant; une balustrade avec écusson central entouré de chêne et de laurier est également fort bien traitée.

M. Bergue avait cité quelques-uns de ses collaborateurs; des médailles d'argent ont été attribuées à MM. Moissonnet, contremaître, et Amuat, ciseleur; MM. Bolle, repousseur, et Monselet, forgeron, ont obtenu des médailles de bronze.

M. von Miller (Fritz), professeur à l'école des arts et métiers de Munich, était, à notre Jury, le représentant de l'Allemagne; il joint à une haute compétence en matière d'art des connaissances techniques et une grande pratique dans l'industrie, et la *Fonderie artistique royale de Miller*, dont il est un des directeurs associés, est une des plus importantes et des plus réputées en Allemagne; c'est, d'ailleurs, dans notre revue générale de l'exposition allemande que nous parlerons de cette maison placée hors concours par la présence au Jury de l'un de ses chefs les plus distingués.

Nous terminons ici la revue des exposants qui, faisant partie de notre Jury, étaient placés hors concours, quelques autres de nos collègues se sont trouvés placés dans la même situation à cause des fonctions de jurés qu'ils exerçaient dans d'autres classes; ce sont, par ordre alphabétique :

MM. Bricart frères, M. Bricard étant vice-président du Jury du Groupe XV. Comme ils l'avaient fait à l'Exposition de 1889, ces messieurs ont réservé pour la Classe 97 la partie la plus intéressante de leur fabrication; c'est ainsi qu'ils nous font admirer encore toutes les richesses de nos palais nationaux, dont ils reproduisent les garnitures des fenêtres ou des portes avec un soin méticuleux. Robustes marteaux de portes, espagnolettes aux ciselures délicates, serrures compliquées, clefs ou boutons finement ajourés, l'exécution de toutes ces pièces ne laisse rien à désirer et il n'est pas d'ailleurs un hôtel particulier, pas une maison de construction soignée, qui ne soient fournis par MM. Bricart frères.

Non contents de nous présenter ces merveilles classiques, ces messieurs ont voulu eux aussi, faire quelques essais de modernisme et des plaques de propreté, des crémones, quelques serrures, sont, dans ce genre, étudiées avec goût et terminées avec tout le soin habituel; nous avions remarqué, dans l'ensemble si harmonieux qu'a créé M. Hœntschel pour le pavillon des Arts décoratifs, des espagnolettes fort joliment décorées de fleurs d'églantier d'un modèle très souple et d'un arrangement tout à fait gracieux, nous en retrouvons les modèles chez MM. Bricart frères, auxquels M. Hœntschel en avait confié l'exécution, il nous est d'autant plus agréable de les revoir ici que nous en pouvons mieux apprécier toutes les finesses.

MM. Bricart frères ont obtenu pour MM. Bricart (G.) et Rougetet (J.), leurs collaborateurs, deux médailles d'argent.

M. Caïn (Georges et Henri) sont également hors concours, M. Georges Caïn étant membre du Jury de la Classe 66. M. H. Caïn est l'homme de lettres bien connu; de M. G. Cain, le distingué directeur du musée Carnavelet, nous n'avons pas à rappeler la haute compétence artistique; les bronzes qu'ils exposent sont les reproductions des œuvres de leur grand-père, M. P.-J. Mène et de leur regretté père M. Auguste Caïn, œuvres depuis longtemps classiques et réputées. Le *fauconnier arabe à cheval*, le *valet de chasse et sa harde*, la *chasse en Écosse*, la *Grande chasse au cerf* sont parmi les plus importantes de Mène; de dimensions moindres, ses *Chevaux arabes*, son *Chasseur africain*, ses *Jument normande, arabe*, ses *Chasse au sanglier, au lapin, au canard*, ses *taureaux*, ses *chiens*, ses *chats* sont cependant trop connus pour que nous en rappelions les qualités. D'Auguste Cain, ce sont les magnifiques *chiens de meute, ceux du duc d'Aumale et de la duchesse d'Uzès; ses coqs, ses faisans*, et enfin toute la ravissante petite série des *ânes d'Afrique*, des *groupes de canards, de perdrix, de poules, de lapins* d'une vérité si grande et d'un charme si particulier dans ces proportions minuscules.

M. Coupri est membre du Jury de la Classe 94; M. Desbois est également membre du Jury dans la Classe 9; ces deux artistes, dont le talent nous est depuis longtemps familier sont donc hors concours dans notre classe et, s'ils y ont exposé, M. Desbois, quelques bronzes, de jolis étains et des marbres, et M. Coupri, des modèles en plâtre, c'est surtout parce que c'est à nos industries d'art qu'ils réservent leurs œuvres, mais leur véritable place est aux Beaux-Arts comme elle est aux salons annuels où nous les retrouvons à chaque printemps nouveau. M. Coupri, président de l'Union artistique des sculpteurs modeleurs, avait obtenu la médaille d'or en 1889; M. Desbois avait eu la même récompense; ajoutons qu'il est un des artistes pour qui l'évolution actuelle est l'occasion de recherches et d'essais des plus intéressants.

M. Krüpp étant membre du Jury dans une classe différente, la fonderie impériale autrichienne Krüpp est hors concours dans la Classe 97. Cette maison ne figurait pas au catalogue, car la plus grande partie des objets qu'elle avait exposés ressortissait à la Classe 94 (orfèvrerie). Elle avait cependant quelques bronzes très soignés et, lorsqu'au commissariat autrichien on nous a priés de la porter comme exposant également dans la Classe 97, nous avons pu juger par un groupe monumental, qui figurait dans les jardins près du grand Palais, de l'importance de cette fonderie. Son *César* est une œuvre considérable, le char, les fauves qui le traînent et la figure elle-même sont des fontes de premier ordre.

La Société du Val d'Osne est également hors concours, deux de ses administrateurs, MM. H. Fontaine et Mathurin Moreau, étant membres du Jury dans différentes classes. Cette importante maison, déjà hors concours en 1889 et qui, depuis 1855, a obtenu toutes les plus hautes récompenses, expose aujourd'hui dans six classes différentes. En dehors de la belle collection des fontes d'art qu'elle a réunies dans la nôtre et qui comprend les reproductions des meilleures œuvres de nos statuaires et de nos sculpteurs animaliers, elle a exécuté en bronze richement doré deux des groupes importants qui surmontent les pylônes du pont Alexandre III.

A côté de ces pièces artistiques, la Société du Val d'Osne s'occupe également des fontes de bâtiment, rampes, balcons, etc., et, en France comme à l'étranger, il est peu de grandes villes dans lesquelles on ne trouve, sous forme de candélabres et de fontaines décoratives, les produits de cet important établissement.

GRANDS PRIX.

M. Gagneau, membre du Jury en 1878, président du Jury en 1889, président de la Classe 97 et du groupe XV en 1900, était au Jury notre président tout désigné. Trop fatigué pour assumer une tâche aussi pénible que celle dont M. Thiébaut a accepté la lourde charge, notre cher collègue a dû donner sa démission. Au moins aura-t-il eu la satisfaction de concourir avec ses collègues et celle de voir enfin sa maison depuis tant d'années hors concours obtenir un grand prix, que ses travaux lui auraient assuré depuis si longtemps et qui s'imposait par la superbe exposition qu'il avait organisée cette année.

Jusqu'en 1889, il fut impossible de séparer du nom de M. Gagneau celui de son dévoué collaborateur et ami, M. Piat, et, dans les succès du fabricant, l'artiste eut toute la part que lui assurait un talent universellement reconnu. Nous devons à cette collaboration des pièces remarquables dont chacun se souvient; nous en retrouvons au Musée centennal et chez M. Gagneau, elles resteront classiques.

Après 1889, et malgré les instances d'amis qui jugeaient sa retraite prématurée, M. Piat crut nécessaire de prendre un repos qu'il pensait avoir bien gagné. Depuis cette époque, les modifications qu'apporta l'électricité dans les dispositions des appareils d'éclairage ont entraîné M. Gagneau à renouveler presque entièrement ses modèles; il dut, de plus, s'entourer de nouveaux collaborateurs et c'est là qu'il nous faut reconnaître toute la part que peut avoir le goût d'un fabricant dans l'œuvre qu'exécute pour lui l'artiste auquel il s'adresse. L'interprétation est aujourd'hui toute différente, l'impression d'ensemble reste cependant la même et, s'il nous est agréable de faire cette constatation, elle est aussi le meilleur éloge qu'on puisse faire de l'esprit artistique et des qualités de direction de M. Gagneau.

Parmi les pièces les plus intéressantes de son exposition, nous signalerons la torchère de Rozet, artiste délicat duquel nous apprécions le talent distingué. Au milieu des fleurs, dans une vasque en treillis de bronze formant jardinière, se dresse un fût en marbre sur lequel s'élèvent, robustes, les trois montants formant l'architecture de la torchère. Dans les intervalles, trois femmes, les bras gracieusement élevés portent chacune un panier de fruits lumineux en cristal et, sur le plateau supérieur, un vase ajouré à cabochons forme cassolette à flamme de cristal; l'ensemble, très léger, est de style Louis XVI. Du même artiste, et dans une note différente, un lustre original dans lequel des branchages de roseaux lumineux reliés par des rubans donnent la silhouette générale et laissent entre eux place à quatre coquilles dont le cristal, adouci et légèrement teinté, tamise la lumière intérieure.

Citons encore de MM. Gallot et Lambert deux lustres électriques interprétés des styles renaissance et régence; d'eux aussi, une grande applique *Nature*, composée d'une vasque avec glaçons de laquelle s'élancent des tiges à fleurs électriques d'arums, de lis et de roseaux. Dans un esprit analogue et du sculpteur Joindy, 2 lampes, l'une avec muguets, l'autre à roseaux avec conque en cristal sertie dans les feuillages; de Marioton, une lampe à figurine de femme et une autre, à quatre anses et décor de houx et chrysanthèmes, toutes deux charmantes. Enfin, notons de Couty une applique tout à fait séduisante en branchages et feuilles d'olivier avec cinq lampes fleurs en cristal.

Nous parlions tantôt des œuvres de Piat, que nous retrouvons avec plaisir ici, pourrions-nous ne pas citer entre autres un vase Louis XVI lobé en marbre blanc, à bouquet de fleurs, qui a la pureté d'un antique!

Parmi les collaborateurs pour lesquels M. Gagneau demandait des récompenses, nous citerons d'abord M. Rozet à qui un grand prix fut attribué en considération des œuvres que nous détaillions plus haut. Aux médailles d'or, nous indiquerons MM. Jules Lambert, sculpteur, Neulat, dessinateur, Vogt et Parfond; enfin aux médailles d'argent, MM. Cédicy et Audrin.

M. Leblanc-Barbedienne, neveu de notre éminent et regretté confrère, dont il fut quelque temps l'associé, a repris en 1892, à la mort de son oncle, la direction de cette importante maison. Soutenir la réputation que s'était acquise Barbedienne était une tâche lourde à remplir. M. Leblanc a prouvé qu'elle n'était pas au-dessus de ses forces; il a tenu de plus à donner une note personnelle et nous pouvons juger des efforts considérables qu'il a dû faire pour préparer une exposition aussi complète qu'intéressante.

La pièce capitale est une cheminée monumentale de Clovis Viard. Cet artiste, élève de Constant Sevin, auquel il a succédé, a voulu s'écarter du style renaissance qu'interprétait si habilement son regretté maître, et sa cheminée, encore qu'édifiée dans un genre très classique est bien cependant une œuvre originale et de tendances nouvelles.

De proportions considérables, cette cheminée s'élève jusqu'au plafond même du salon qu'elle occupe; toute la construction architecturale est en marbre fleur de pêcher et le ton clair et rosé de la matière s'harmonise avec les ors des bronzes qui la garnissent. Au-dessus du bandeau se groupent deux figures allégoriques de Puech *l'Art et la Science;* la glace est surmontée d'une gerbe de rinceaux qui forment un motif de lumières couronnant l'ensemble.

Nous retrouvons dans l'exposition de M. Leblanc-Barbedienne le modèle de vase en émail cloisonné avec bouquets de roses et branches de glycines que Constant Sevin avait composé pour 1889. Exécuté alors en quatre parties, il était déjà, quoique certaines déchirures se fussent produites au feu, considéré comme un tour de force d'exécution, ceux que nous voyons aujourd'hui ont été faits d'une seule pièce et sont certainement les plus grands qu'on ait jamais aussi bien réussis.

Nous voyons encore de Clovis Viard des vases en marbre et bronze, une garniture de bureau genre Empire, enfin une jardinière feuilles de marronnier d'un modernisme intéressant.

Il serait trop long de rappeler dans la statuaire toutes les belles éditions des œuvres de nos plus grands sculpteurs; il est également inutile de parler des qualités d'exécution qui distinguent toutes les pièces que signe M. Leblanc-Barbedienne. Toutes les branches de nos industries sont représentées dans ses ateliers par les meilleurs ouvriers et ses principaux collaborateurs sont une élite dont il a le droit d'être fier et pour lesquels il a d'ailleurs obtenu de nombreuses récompenses.

Nous nommerons aux médailles d'or, MM. Clovis Viard, A. Lebelle, A. Dreux et Bellenot; aux médailles d'argent, MM. Alizard, Schlüter, Houdriégar, Lecoq, Deglain et Coulmont; enfin MM. Dietrich, Cottu, J. Viard, Dupont, Bauvens Laveissière, Durot, Desmoulins, Cherfils, Moklin, Landry, Erchert, Caron, François, Victor et Chapon aux médailles de bronze.

Maison M. Colin et Cie. La mort a surpris M. E. Colin au milieu des préparatifs de son exposition; notre regretté collègue au Comité d'admission serait heureux s'il pouvait voir aujourd'hui son fils marcher dans la voie qu'il lui avait si intelligemment préparée et justement fier du succès brillant qu'a obtenu sa maison.

M. Marcel Colin nous montre en effet un ensemble fort intéressant et, parmi les nombreux modèles créés en vue de l'Exposition, nous nous arrêterons d'abord à l'œuvre de M. Pain. C'est une fontaine décorative d'allure Louis XV, composée en vue de garnir un panneau ou une niche; pièce importante et de bonne venue dans laquelle nous regrettons seulement les proportions un peu petites des coquilles formant vasques; les marbres verts sont de deux sortes et leurs tons s'harmonisent heureusement avec les dorures des bronzes; à la partie supérieure, un bouquet de fleurs électriques sert de motif d'éclairage et complète utilement l'ensemble de la composition. Tous les détails, figures et ornements sont fort bien traités et témoignent du soin porté à l'exécution qui est irréprochable.

De M. Pain également, nous noterons un joli lustre à panier de fleurs électriques; de MM. Messagé, Bureau, Germain, une série de modèles de lustres électriques en Louis XV ou Louis XVI; nous retrouverons M. Rozet avec un lustre assez bizarre, à rinceaux cabochonnés de cristaux et, du même artiste, une garniture de cheminée Louis XV bronze et cristal originale; de Marioton, nous citerons une garniture glycines tout à fait charmante, et surtout des vases de cristal à monture de nénuphars en bronze doré qui sont particulièrement réussis.

Dans la statuaire, M. Colin a réuni un choix des œuvres de nos meilleurs artistes. Ce sont : la *Jeanne d'Arc,* de A. Mercié, un *Apollon*, de Récipon, les figures de Carpeaux, d'Injalbert, de Charpentier, etc.; les animaux de Valton, puis, dans une note moderne, les statuettes ou bustes de Chalon et de Bonval. Enfin, mille objets divers, coupes, baguiers, coffrets, encriers de Beaulieu, de Vibert, de Roty, etc., qu'on regrette de ne pouvoir détailler dans cette exposition si complète.

M. Colin avait proposé pour des récompenses quelques-uns des artistes que nous nommions plus haut et des médailles d'or ont été attribuées à MM. Bouval, Chalon, Henri Pain et Charles Valton, ainsi qu'à M. Émile de Haan, directeur des travaux et professeur à l'École de la réunion des fabricants de bronzes; MM. H. Bordeaux, dessinateur; Delattre et Gagneau ont obtenu des médailles d'argent; enfin MM. Houssat-Bordanat et Mouchoux, des médailles de bronze.

M. Mottheau avait, en 1889, obtenu la médaille d'or; depuis quelques années il s'est adjoint son fils et nous devons nous féliciter de cette collaboration qui, par un effort plus grand nous fournit une exposition très importante, trop garnie même, à notre avis, car l'œil a peine à se fixer au milieu de toutes ces pièces qui se confondent.

En première ligne et présentée avec tout le soin que comporte une tentative aussi hardie, la torchère de M. Piat, notre distingué collègue au Jury. En parlant de l'exposition de M. Gagneau, nous disions que M. Piat, après une série ininterrompue des plus brillants succès avait, en 1889, pris un repos qu'il croyait définitif, mais un artiste de sa valeur ne pouvait voir se préparer une manifestation aussi imposante que celle de 1900 sans brûler du désir d'y concourir; cette participation nous a prouvé que les années n'ont aucune prise sur un tempérament aussi ardent et le maître classique a produit pour le couronnement d'une carrière si remplie, une œuvre jeune entre toutes.

Dans sa torchère, d'autant plus discutée qu'elle renversait toutes les habitudes admises en fait de dispositions d'éclairage, M. Piat a symbolisé la Nature. Les quatre pieds qui composent la base nous montrent la *Terre* et l'*Eau* dans un modelé vigoureux et léger à la fois; sur l'assise de roches qu'ils supportent s'élève une tour découpant ses créneaux dans l'*Atmosphère* que figure un long cône d'onyx blanc éclairé intérieurement; autour, les *Saisons,* gracieuses figures d'enfants; en haut, le *Soleil,* globe en marbre évidé lumineux, que viennent traverser quelques lampes, rayons ardents; au sommet, une figure, *Salut au Soleil,* qui couronne heureusement l'ensemble.

En opposition à cette œuvre si forte, M. Piat nous donne une applique, *Libellule,* femme au corps délicatement effilé, qui présente un bouquet d'iris lumineux, véritable bijou moderne dont le succès a été des plus grands.

Parmi les lustres spécialement composés pour l'éclairage électrique, il nous faut citer celui de M. Delisle, sorte d'arborescence à grandes feuilles du genre des fougères, où les folioles de cristal cachent les lampes dont elles adoucissent l'éclat; puis une adaptation très originale des armes de Russie, dans laquelle l'écu central, les plumes des ailes de l'aigle et la couronne sont en cristal et éclairés intérieurement; nous noterons enfin une torchère du genre Louis XV, formant console et supportant un vase marbre et bouquet de lumières avec grappes lumineuses de fleurs de lilas en cristal.

M. Delisle (Henry) a obtenu une médaille d'or de collaborateur; MM. Bouquet (Paul) et Heingle, des médailles d'argent.

M. Siot-Decauville nous laisse embarrassés devant un choix d'œuvres de premier ordre! La *Bellone,* de Gérôme, de proportions énormes, est bien toujours quelque peu terrifiante, mais l'exécution en est remarquable et les figures réunies à ses pieds : Bonaparte, Tamerlan, César et Frédéric II, également de Gérôme, sont d'une perfection absolue; on en peut dire autant du *Jésus au milieu des docteurs,* de Larche, à l'exécution duquel le même soin a présidé; fonte, ciselure, dorure, il n'est pas possible assurément de mieux faire, et c'est presque de l'orfèvrerie plutôt que du bronze, le sculpteur doit être heureux d'une telle interprétation.

De Larche, encore, nous retrouvons la *Tempête* et la réduction des charmantes *Violettes,* toujours si séduisantes; de cet artiste, enfin, une œuvre vraiment audacieuse et de manière bien différente, puisqu'il s'agit là d'une cheminée : autour d'un foyer bordé d'une tenture traduite en marbre clair, des enfants jouent et se chauffent; d'énormes pousses de roses trémières surgissent du sol, s'élèvent en s'arrondissant jusqu'au plafond, forment cadre à la glace qui surmonte la cheminée et cachent dans leurs fleurs des lampes électriques.

Nous regrettons ici l'absence d'architecture et jugeons les figures un peu importantes, mais elles sont de Larche, c'est dire qu'elles sont charmantes, et nos quelques critiques n'enlèvent rien de l'intérêt que nous inspire cette tentative à laquelle nous applaudissons d'autant plus qu'elle représente un travail considérable.

Tout serait à citer chez M. Siot-Decauville, les œuvres de Dubois, de Baffier, de Bartholomé sont là toutes, et toutes remarquables; les animaux de Gardet, d'une allure superbe, sont d'une exécution toujours impeccable; les vitrines garnies de mille objets délicats nous retiennent à leur tour et nous ne savons trop qu'apprécier le plus, du choix des modèles, du fini du travail ou de la multiple variété des savantes patines aux chauds reflets d'or.

M. Siot-Decauville a de nombreux et intelligents collaborateurs; parmi ceux-ci, MM. G. Bricout, chimiste; Foucard, chef mouleur, Bildier, ciseleur, et Farnier, monteur, ont obtenu des médailles d'or; MM. Mursch et J. Philibert, ciseleurs, Foucard (Ph.), mouleur, et Richebois, mécanicien, des médailles d'argent; MM. Rousaint, Salsac, Salmon, Foucard (P.), Collas, Quittard et Seigle, des médailles de bronze.

La maison Raingo frères compte parmi les plus anciennes, et chacune des expositions universelles, depuis 1855, a été pour elle l'occasion d'un nouveau succès. M. Raingo a tiré un heureux parti de la place dont il disposait et son exposition est présentée avec beaucoup de goût. La pièce la plus importante est une fontaine décorative avec arrangement d'éclairage électrique; une vasque en marbre forme jardinière à la base; le socle, également en marbre, qui supporte le bassin quadrilobé, est en forme de gaine et orné de quatre figures de M. Peyre, peut-être un peu petites, mais de mouvement gracieux et d'un modelé délicat; du socle d'une sorte de petit temple à colonnettes qui s'élève au-dessus du bassin, jaillissent les quatre jets de l'eau qui l'alimente et que rendent lumineuse des lampes dissimulées dans le bassin même; au sommet, une statuette avec un groupe de lampes électriques. L'ensemble très léger et harmonieux de tons, est agréable et gagnerait encore à être isolé.

A côté de cette œuvre tout à fait spéciale, M. Raingo nous montre un choix très grand de bronzes d'ameublement, garnitures de cheminées, lampes, appliques, lustres électriques; un de ceux-ci avec cygnes et roseaux, dans une note moderne, est charmant. Citons encore des torchères à enfants marbre; puis, de Rozet, les gros vases Régence à enfants qui figuraient à l'exposition de Bruxelles et que nous revoyons avec plaisir.

M. Raingo fait aussi du meuble avec bronzes; les bureaux, guéridons ou petites tables qu'il a mis à son exposition la complètent heureusement et mettent en valeur les nombreux objets, pendules, vases ou petits bronzes dont il les a garnis.

M. Petit, sculpteur, et M. Derouilla, contremaître chez M. Raingo, ont obtenu des médailles d'argent.

La maison Lerolle frères compte, elle aussi, parmi les plus anciennes du bronze et les plus justement réputées; des premières expositions datent ses premiers succès et la médaille d'or qui lui fut attribuée en 1889 était un rappel de celles qu'elle avait obtenues en 1867 et en 1878. Dans l'exposition que MM. Lerolle frères ont organisée cette année, nous trouvons quantité d'œuvres nouvelles et d'adaptations ingénieuses de la lumière électrique; sur une glace, une grande guirlande lumineuse en feuilles et fleurs de cristal de Venise est d'un effet charmant; une applique électrique, aigle portant la foudre, est originale; un grand lustre renaissance, un lustre Louis XVI nous offrent des arrangements de cristaux de très heureux effet.

Parmi les œuvres de statuaire, nous remarquons de Larche, un groupe *Vénus et les Amours,* et du même artiste, un buste, *Coquette,* en marbre, avec draperie dorée; de Gasq, un très beau groupe, *Hylas,* entraîné dans les eaux par les nymphes et deux statuettes de torchères, jeunes filles portant des branches d'iris lumineux d'un mouvement tout à fait gracieux.

Dans une note moderne, nous citerons encore des candélabres électriques à iris, en étain, très séduisants, et une jardinière également en étain sur laquelle une femme joue parmi les iris; à remarquer encore un vase *Libellule* et, toujours du même modernisme, un encrier *Femme à la coquille,* de bonne composition.

La maison Coupier et Cⁱᵉ, dont le succès avait été grand à l'Exposition de 1889, où elle avait d'ailleurs obtenu la médaille d'or, a fait de nouveaux et remarquables progrès et, comme beaucoup de ses collègues, M. Coupier a joint à sa fabrication habituelle du bronze imitation, celle du bronze d'art, dont il nous donne à apprécier des échantillons très réussis.

Pour ses éditions de zinc d'art, nous nous bornerons à constater les qualités d'une exécution toujours très soignée, et la recherche des patines variées avec goût; pour les bronzes, nous signalerons un choix heureux de fort jolis modèles et, parmi ceux-ci, le *Lever de l'Aurore*, d'Auguste Moreau, et le groupe de Picault *Victoria et Excelsior*; c'est Mathurin Moreau que nous retrouverons maintenant avec un charmant *Retour de l'hirondelle*, également en bronze. De jolis étains vont nous permettre de citer Hippolyte et Louis Moreau, l'un pour son *Oiseau blessé*, l'autre pour un vase original; c'est encore Hippolyte Moreau avec un marbre *Dans la Vague* et, également en marbre, nous remarquerons de Roland une *Diane* de joli mouvement. L'exposition de M. Coupier est enfin fort bien complétée par une série de vases et de fantaisies électriques au milieu desquelles nous distinguons un lustre et des appliques bronze doré de Lelièvre, de bonne exécution.

M. Fontaine (Jules), contremaître chez M. Coupier, a obtenu une médaille d'argent de collaborateur; M. Gibert une médaille de bronze.

M. Millet (médaille d'or en 1889) a divisé cette année son exposition en deux parties bien distinctes; d'un côté, des reproductions de meubles anciens en marqueterie et bronzes dont il s'est fait une spécialité; un joli choix de copies de vases, girandoles, appliques ou pendules; enfin quelques lustres intéressants. De l'autre côté, toutes les pièces d'un ameublement original dont M. Millet a eu l'idée et dont il a lui-même dirigé l'étude.

De bois de citronnier marqueté de couleurs claires et gaies, garnies de bronzes dont les ciselures sont très poussées, chacune des pièces de ce mobilier est d'un travail absolument parfait; la patine d'or discrètement éteinte s'harmonise avec les clartés des marqueteries et l'ensemble est d'une tonalité très douce et particulièrement agréable; nous n'aurons, en ce qui concerne les qualités d'exécution, aucune réserve à faire; mais il nous sera permis de formuler une petite critique relativement à la composition générale qui manque d'unité et à la proportion des figures qui ornent la psyché; leurs dimensions font de ce meuble la dominante d'un ensemble dans lequel il devrait rester au second plan. Cette petite réserve ne saurait diminuer le mérite de M. Millet; chacun de ces meubles pris isolément est rempli de jolis détails; les figures sont infiniment gracieuses; elles sont d'ailleurs de Marioton (C.) et c'est tout dire; le lit, très simple de lignes, est bien complété par une jolie tenture, le meuble à bijoux, l'armoire, la table à coiffer, le petit bureau sont charmants, et nous devons féliciter grandement notre collègue de son bel effort et de ce qu'il n'a reculé devant aucun sacrifice pour assurer la parfaite exécution de cet important travail.

Dans cette partie de son exposition, M. Millet a réuni quelques autres pièces d'allure moderne, un lustre à enfants, des vases décoratifs avec montures originales, un groupe séduisant *Libellule,* et une lampe électrique à fleur lumineuse, très délicate.

Des collaborateurs de M. Millet, nous nommerons M. H. Brion, médaille d'or; MM. A. Baré et E. Schaal, médailles d'argent, et MM. Dinée et Labbé, médailles de bronze.

MÉDAILLES D'OR.

Bronzes d'art et d'ameublement. — M. Frémiet est de ces rares artistes dont le talent se complète de la connaissance approfondie du métier; aussi est-ce comme industriel qu'il a tenu à exposer; c'est comme tel, aussi, qu'une médaille d'or lui a été attribuée, et non pas comme artiste, ainsi que l'indique par erreur le palmarès, le talent magistral de M. Frémiet étant fort en dehors de nos jugements!

Nous sommes, d'ailleurs, justement fiers de le compter parmi nous dans cette profession de fabricant de bronzes qu'il ne dédaigne pas de pratiquer; c'est bien son intelligent éditeur, M. More qui, pour tous ces travaux, est son précieux collaborateur, mais c'est M. Frémiet lui-même qui prépare ses modèles, s'occupe des réductions, surveille la ciselure et décide, enfin, les patines dont les tons heureusement choisis donneront à ses œuvres toute leur expression; des modèles eux-mêmes, nous n'avons pas à reparler, tous sont connus, tous se retrouvent ici, la *Jeanne d'Arc*, le *Credo*, la *Sainte-Cécile*, le *Gorille*, etc. Quant à la façon, elle est très particulière à M. Frémiet et la fonte, simplement réparée, conserve à chacune de ses œuvres le sentiment du maître qu'une ciselure trop fouillée peut souvent modifier.

Signalons, de M. Frémiet, l'arrangement tout à fait original du fond d'exposition où, dans l'angle, son buste polychromé — et frappant de ressemblance — semble accueillir le visiteur; puis une fantaisie dans laquelle se révèle tout l'esprit de l'artiste, et qui eut un succès énorme; un singe, tout à fait plaisant, qui, le dos appuyé à l'angle d'une colonne, et tourné au public, lançait dans l'espace une quantité de bulles de savon en cristal que des fils presque invisibles maintenaient suspendues; c'était du plus haut comique!

M. Frémiet avait demandé pour M. More, son éditeur, une médaille d'or que le Jury a été heureux de lui accorder.

M. Lapointe est à citer parmi ceux de nos collègues dont les efforts ont été les plus grands et dont les progrès, si nous nous reportons à l'Exposition de 1889, sont les plus remarquables. Presque tous les modèles que nous trouvons à son exposition ont été créés en vue de ce concours, et la quantité en est considérable; nous parlerons d'abord de la pièce la plus importante, une cheminée de style Louis XV, de H. Pain, dont les figures sont de Mathurin Moreau : l'architecture est en marbre paonazzo, les ornements et les figures de côté sont en bronze fort bien exécutés, et d'un ton de dorure adouci très harmonieux; au centre, s'élève un groupe principal en marbre statuaire; l'ensemble est d'un effet très gracieux.

Les sujets et les groupes sont en nombre imposant; citons parmi les meilleurs une *Gloire* et une *Diane à l'aigle*, de Gasq; du même artiste *Orphée et Eurydice*, bronzes de chaudes et belles patines; puis la série des marbres de Mathurin Moreau, *Mignon, les Fleurs, Ondine*, ceux-ci avec disposition électrique; la *Léda*, du même, en bronze doré avec un heureux emploi du marbre blanc pour le cygne; enfin, une *Retraite aux flam-beaux*, fantaisie d'A. Moreau : des enfants tenant des lampions en cristal.

M. Lapointe fait une heureuse incursion dans le domaine de l'éclairage, et nous montre, pour l'électricité, quelques lustres intéressants entre autres, de Pain, un Louis XV et un Louis XVI gracieux et, de Radouan, un panier de fleurs de style Louis XVI tout à fait charmant et de grande légèreté. Il y a, dans cette exposition, un ensemble remarquable et pour lequel nous adressons à M. Lapointe toutes nos sincères félicitations.

Parmi les collaborateurs de la maison Lapointe, MM. L. GODEAU et C. THIERRY ont obtenu des médailles d'argent; M. H. BOULET, contremaître, une médaille de bronze.

M. SOLEAU est un chercheur; après avoir fait apprécier le talent de Chéret jusqu'alors peu familier au bronze et dont il a édité toutes les œuvres, il a trouvé dans l'électricité un nouvel aliment à son activité et un nouveau but à son imagination toujours en éveil. Ses guirlandes de perles éclairantes, ses fleurs lumineuses avec émaux chatoyants ou cristaux irisés, pour être plutôt du domaine de l'éclairage que de celui du bronze d'art, sont pour celui-ci un motif de décoration et d'arrangements nouveaux qui les rendent précieuses; nous trouvons d'ailleurs dans l'exposition de M. Soleau, mille exemples du parti qu'il sait tirer de ces éléments et ses frises lumineuses, classiques de dessin, sont nouvelles d'application et donnent un éclairage original; l'églantier, la vigne, le marronnier, etc., lui fournissent matière à des enroulements gracieux, et certaine frise de nénuphars, avec la corolle blanche tamisant doucement la lumière, est des plus charmantes. Mais ce sont là fantaisies délicates, et M. Soleau nous présente des objets d'étude plus sérieuse; nous parlions des œuvres de Chéret, nous en retrouvons là qui sont connues, comme la grande Torchère, la jardinière. *Enfants aux paniers*, etc., qui gardent leur attrait d'œuvres désormais classiques; la pièce la plus intéressante, et par sa nouveauté et par sa construction, est une cheminée qu'avait dessinée Chéret et que M. Soleau a exécutée d'après le seul croquis que lui avait laissé l'éminent et regretté artiste; il a fallu que le fabricant rende pratique tout ce qu'un premier croquis laissait encore d'inexprimé et qu'il communique aux artistes dont il a dû s'entourer l'esprit même du créateur; M. Soleau y a pleinement réussi et l'œuvre est remarquable; les combinaisons de bois et de bronze sont de tonalité discrète, les figures charmantes, les arrangements d'éclairage ingénieux, et M. Soleau peut être fier du résultat qu'il a atteint.

Dans la partie du luminaire, nous retrouvons avec plaisir un charmant panier Louis XVI et un grand lustre à cristaux et guirlandes de perles lumineuses déjà connus et que nous apprécions toujours, puis un lustre qu'a dessiné M. Soleau, et composé d'une vasque en panneaux de cristal sous laquelle des mascarons crachent des lampes que dissimulent des chutes de perles formant glaçons; des rubans rattachent le corps du lustre au pavillon; enfin, un modèle important, grande couronne fermée d'un culot et d'un dessus en cristaux éclairée intérieurement; de grosses chimères au ventre lumineux garnissent le tour et tiennent par des cordes au pavillon supérieur; l'ensemble est très original. Nous préférons cependant au lustre une applique qui, avec les mêmes combinaisons de cristaux teintés et de cabochons mêlant leurs couleurs aux ors des bronzes est tout à fait réussie et d'une harmonie charmante. M. Soleau nous dit en avoir pris l'idée d'un joyau ancien ; la vérité est qu'il a fait là une chose nouvelle et très personnelle dont nous lui faisons tous nos compliments.

De ses collaborateurs, MM. Ch. Soleau, A. Erdmann et E. Maucomble ont obtenu des médailles d'argent.

MM. Bouhon frères avaient à soutenir la réputation que s'était si justement acquise leur père (membre du Jury en 1889) dont le talent était égal à la modestie. Enlevé avant que l'Exposition de 1889 fût même terminée, il laissait à ses deux fils une assez lourde tâche, et ceux-ci ont tenu à nous montrer qu'ils tenaient de leur père les qualités de travail que celui-ci possédait si bien.

La pièce importante de l'Exposition de MM. Bouhon est une cheminée décorative avec trumeau de glace, de style Louis XV, mais de composition tout à fait originale et ne rappelant en rien les modèles anciens.

Le chambranle de la cheminée est en marbre cypolin ; la décoration du bronze, pour toute cette partie, symbolise la vieillesse ou l'hiver en un mascaron de vieillard et des feuillages de houx et de chrysanthèmes. Au-dessus, le chambranle forme socle et supporte un vase porte-fleurs en grès flammé que soutiennent deux enfants, de Pilet, en marbre blanc statuaire. L'opposition que forment ces attributs avec ceux de la partie inférieure est facile à saisir, et c'est bien là le printemps ou la jeunesse qui s'épanouissent dans les fleurs. La glace, sur laquelle se détachent les enfants et le vase de fleurs, est encadrée de bois de noyer ciré joliment sculpté, mais d'effet un peu triste dans la grande richesse de l'ensemble ; le foyer est garni de très grands chenets modelés, comme la cheminée elle-même, par Lelièvre. Marbrerie, ciselure, monture, toute cette exécution est parfaite, et les difficultés étaient grandes avec la diversité des matières employées. Nous félicitons donc vivement MM. Bouhon, et pour cet effort considérable, et pour l'ensemble de leur exposition, qui comprend encore une série de modèles de chenets ou d'écrans entièrement nouveaux.

Nous en noterons quelques-uns : les chenets *Flore et Zéphir,* par E. Marioton, en Louis XVI ; un grand écran Louis XVI avec petits carreaux en mica permettant une monture légère ; enfin, quelques modèles de goût moderne dans lesquels nous retrouvons les qualités de construction qui nous sont chères.

MM. Lelièvre frères, sculpteurs, et M. Blanc, contremaître, ont été récompensés de médailles d'or, M. Munier d'une médaille d'argent, et MM. Parcon, monteur, et Caron frères, ciseleurs, de médailles de bronze.

M. Louchet, peintre de talent autant que bronzier habile, a su tirer de sa place un parti qui fait honneur à son goût artistique. Dans un décor tout à fait moderne, avec un fond de glaces qui éclairaient son salon très sombre en en doublant la surface, il nous a présenté tout un choix de pièces originales et franchement nouvelles, dont une partie ressortissent bien au bronze d'art, mais dont certaines sont de véritables pièces d'orfèvrerie et quelques-unes même de précieuses garnitures de joaillerie.

Dans la statuaire et parmi les œuvres les plus intéressantes nous citerons les bustes *Iris* et *Impéria,* de Chalon, et du même artiste, une jolie figure, *Vers la lumière;* puis un buste, *Comédienne* et une jardinière originale, *Tête de Vénitienne,* de Berthoud; un *Réveil du printemps,* gracieuse figure d'enfant, de Robert; un buste de Savine, *Plumes de paon;* un de Piquemal, *Fortune;* une série de ravissants petits bustes de Korschal et de Delagrange; une jardinière, *Masques* et un buste de Maignan, *Vieux berger,* etc.

Quelques vases grès qu'a montés M. Louchet, en bronze ou en argent ciselé, sont très réussis; le vase, *Libellule et nénuphars,* de Chalon, est un des plus heureux; deux jolis vases tout bronze, *Filles des vagues* et *Fées des glaces,* et une délicate fantaisie, *La Pluie,* petit arrosoir en argent ciselé, sont du même artiste. Notons aussi de charmants petits vases à enfants, de Lerche; des vases grès montés avec plumes de paon, avec feuillages de fougères, de gui ou de chardon, d'une finesse extrême; des porte-fleurs en argent repoussé, ciselés à ravir; des vases en émail, dont un à décor *Cygnes* est exquis; une délicieuse petite bonbonnière, enfin, dont le couvercle est formé de deux ailes de papillon, en opale et émaux.

Ce sont maintenant tous les bijoux qu'il nous faudrait citer : bagues, épingles, peignes, broches, colliers, où la fantaisie de l'artiste sème les insectes les plus brillants et les feuillages les plus délicats et que rendent plus précieux encore la richesse des émaux, la variété des décors et l'éclat des pierreries. Cette partie de l'exposition de M. Louchet est également pleine d'attraits et complète un ensemble dont nous lui faisons grand et sincère compliment.

La maison Jabœuf et Cⁱᵉ a pour clients la plupart des fabricants de bronze; c'est dire que nous la considérons comme une de nos meilleures fonderies, et elle a tenu, en nous présentant un *Lion,* de H. Cordier, à justifier sa réputation. Ce lion est de grandeur nature et, sauf la queue fondue à part, l'animal est coulé d'un seul jet, moulé sans aucune coupe de modèle, ce qui, au point de vue matériel, est déjà remarquable, mais surtout le moulage en a été parfait et mérite tous les compliments. Si MM. Jabœuf et Cⁱᵉ pouvaient — sans augmenter leurs prix! — apporter aux fontes qu'ils font sur nos modèles les mêmes soins qu'à celle-ci, ils verraient leur renommée grandir encore; leurs bénéfices, il est vrai, se transformeraient aussi vite en grosses pertes, mais que d'éloges en retour !

MM. Jabœuf et Cⁱᵉ exposaient encore, avenue Nicolas II, un groupe, celui-ci complètement terminé, *L'éternelle lutte,* de Peynot, morceau de grande allure et d'une belle réussite d'exécution, dont nous devons également les féliciter.

M. Jabœuf est président de la Chambre syndicale des fondeurs; il faisait partie des comités d'admission et d'installation et, à ce double titre, il a bien voulu se charger de l'organisation difficile de l'atelier de fonderie qui fonctionnait dans notre classe. On y moulait chaque jour, on fondait deux ou trois fois par semaine et la malheureuse annexe si délaissée du public en tirait le bénéfice des quelques visites que lui amenait cette intéressante attraction qu'on y avait installée.

M. B. Louny, collaborateur de MM. Jabœuf et Cⁱᵉ, a obtenu une médaille d'argent.

La maison Denière est plus que centenaire et obtenait déjà, en 1855, à l'Exposition universelle, une médaille d'honneur. Élevé dans la religion du passé, vivant au milieu des plus beaux spécimens de l'art si délicat du xviiie siècle, on ne peut espérer trouver M. Denière très porté à goûter l'art moderne, et c'est dans sa maison qu'il faut surtout rechercher les reproductions des modèles anciens, meubles ou bronzes des belles époques de Louis XIV, de Louis XV et de Louis XVI, dont elle a possédé d'admirables originaux.

Nous retrouvons là des torchères Louis XIV avec girandoles de cristaux, des lustres du Garde-Meuble ou de Versailles, des régulateurs, des pendules, des vases, des appliques, modèles de Gouthière ou de Thomyre, dont les fines ciselures sont poussées à la perfection et que font ressortir encore les dorures chaudes et riches qui les recouvrent.

M. Baguès, très gêné, comme nous l'étions d'ailleurs tous, par le manque de place, a dû reporter une partie de son exposition dans une autre classe, et l'ensemble très important qu'il a étudié d'un intérieur complet : décoration murale, cheminée, meubles de toutes sortes, objets divers, le tout mélangé de bronzes, a échappé à notre appréciation et concouru dans la Classe 66.

L'exposition qu'il a faite dans la nôtre est cependant très complète et présentée avec un soin tout particulier ; l'arrangement général de son salon, divisé en deux pièces très luxueusement décorées, était plein de goût. Nous y remarquons une série de modèles de genre ancien, les uns copiés, les autres intelligemment interprétés. Nous signalerons entre autres la ravissante cheminée Louis XIV de Versailles, à gaines *Flore et Zéphyr,* d'exécution très soignée ; de jolies appliques Louis XV et Louis XVI et une cheminée Louis XVI *Hiver,* en marbre rose, avec bronzes très fins. Nous noterons encore une *Naissance de Vénus,* statue marbre de Labatut, de belles lignes ; une série de lustres à cristaux des styles Louis XV et Louis XVI, enfin un grand choix de vases, des appliques et des lanternes ingénieusement disposées pour l'éclairage électrique.

MM. Poux et Blache, deux des plus intelligents et des plus dévoués collaborateurs de M. Baguès, ont obtenu des médailles d'or.

Vieille de plus d'un demi-siècle, la maison Houdebine est aujourd'hui continuée par M. E. Houdebine, auquel son père, il y a peu d'années encore, prêtait le concours d'une expérience longuement acquise. Le fils a tenu à justifier, par une exposition très complète, le vieux renom de sa maison, et nous devons le féliciter d'y avoir pleinement réussi.

M. E. Houdebine n'a pas entrepris de ces pièces importantes faites pour forcer l'attention ou tenter le succès, mais il a préparé tout un choix de nouveautés dont l'ensemble constitue un réel progrès sur sa fabrication habituelle, et dont quelques-unes nous ont particulièrement frappé. Dans la statuaire, nous citerons la *Phryné* de Seysses, très belle édition en marbre dont nous retrouvons, en bronze, plusieurs exemplaires de différentes dimensions ; la *Salambô* de Breton, des œuvres de Deplechin, de Maurice Bonval et de ravissants petits bustes, une *Laitière de Bruges,* une *Bretonne,* un *Conscrit de 1813* de Laporte-Blairoy. De ce même artiste, quelques lampes électriques d'un modernisme agréable.

M. Houdebine que nous ne connaissions, jusqu'ici, que comme bronzier d'art, s'est étudié à quelques modèles de lustres, et sa suspension *Iris,* toute simple et pratique, est un des appareils les plus réussis dans ce genre nouveau. Il faut enfin mentionner quelques essais de meubles, guéridons Empire avec bronzes, bien reproduits, et à côté d'un choix intéressant de garnitures de cheminées de style, quelques vases en cristal, ornés de bronzes dorés dont la monture est particulièrement soignée.

Des récompenses ont été attribuées à quelques-uns des collaborateurs de M. Houdebine. Citons, aux médailles d'or, M. A. Boucher, sculpteur; aux médailles d'argent, MM. G. Radou et E. Charbonnier; et aux médailles de bronze, MM. Desprat et Lenoir.

M. David avait, en 1878, obtenu une médaille de bronze, et en 1889 une médaille d'argent. La progression est constante, et la médaille d'or qui lui est attribuée aujourd'hui n'est que la récompense d'efforts dont nous sommes heureux de constater les résultats.

A côté d'œuvres classiques parmi lesquelles nous signalerons un *Væ victis* de Gauquié, de belle allure, et un joli groupe de Louis Moreau, *Zéphyr et Vague,* très bien traité; à côté de garnitures de cheminées également traditionnelles, vases et candélabres Louis XV et Louis XVI, girandoles Louis XV, de Germain, etc. M. David a exécuté pour son exposition tout un choix d'objets d'une note très particulière de modernisme qu'a composés pour lui M. Flamand. En appliques électriques, un motif, *Soleil* et un autre, *Pavots,* sont deux pièces tout à fait originales; une jardinière, *Chêne et roseau,* quelques vases portefleurs sont également intéressants. Passant du bronze à l'orfèvrerie, M. David a, du même artiste, toute une collection de bijoux : bagues, peignes, broches, boucles, colliers, etc., d'une infinie variété, d'une grande délicatesse de composition et d'un fini tout à fait irréprochable, et dont nous lui faisons compliment.

Mme Himmelspach, collaborateur de M. David, a obtenu une médaille d'argent.

La mort de M. A. Boyer, survenue peu de temps avant l'ouverture de l'Exposition, a fait laisser en suspens l'exécution de la plupart des modèles nouveaux qu'il avait préparés.

Sa maison, si justement réputée depuis tant d'années pour le choix des modèles et le fini de la fabrication, ne nous présente donc que des œuvres déjà connues, mais dans l'exécution desquelles nous retrouvons toutes les qualités qui avaient valu à MM. Boyer frères, en 1878 et en 1889, la médaille d'or. C'est toujours la même recherche dans le goût, la même conscience et le même soin apporté aux différentes parties du travail, et le Jury a cru juste d'attribuer aussi la même récompense.

M. Schmoll nous a surpris cette année en ajoutant à sa fabrication de bronzes d'art et d'ameublement celle, bien spéciale, du bronze d'éclairage. Il doit se féliciter de cette tentative, car certains des modèles qu'il a créés dans ce genre sont conçus d'une façon très pratique et, par conséquent, de fabrication courante et de vente facile. Un modèle entre autres de lustre de style régence, avec parties en cristal, est de lignes vraiment très bonnes.

Dans la statuaire, M. Schmoll a réuni un excellent choix de ses meilleures éditions.

Nous retrouvons chez lui C. Marioton, si souvent cité déjà, avec *L'Érudit*, puis d'Eugène Marioton, *L'Inspiration*. Nous signalerons aussi *La Perle*, par Levasseur; *L'enlèvement de Psyché*, par Bouguereau. Dans la note moderne, nous trouvons *Les Fleurs de sommeil*, par Hannaux; enfin, toute une série [de candélabres et pendules de tous styles, dont certaines garnitures Louis XV et Louis XVI, par Lelièvre, sont tout à fait réussies.

M. Schmoll avait, en 1889, obtenu une médaille d'argent; la médaille d'or qui lui a été attribuée est bien justifiée par les progrès qu'il a réalisés et que le Jury a grandement appréciés.

M. Duval avait, en 1889, obtenu la médaille d'argent. Trop souffrant cette année pour s'occuper assidûment d'organiser son exposition, il s'est reposé de ce soin sur M. Bisson, directeur de sa maison, et celui-ci s'est fort bien acquitté de sa tâche. Il nous montre quantité d'œuvres intéressantes, et le *Dénicheur d'aigle*, de Guillot, dont l'original figurait d'ailleurs au Grand Palais, est une des plus remarquables. Nous remarquons également un ·*Triomphe* très puissant, une *Aurore* et une *Source* gracieuses, de Daillon; puis une *Lutinerie*, œuvre charmante et des plus délicates d'Allouard; un *Semeur* au geste large, de Germain; les *Enfants vendangeurs*, d'A. Moreau; un *Ambroise Paré*, d'Icard, et *A la rivière*, de Fontaine. Nous retrouvons chez M. Duval les bustes si classiques et toujours si beaux de Carpeaux; puis nous signalerons un *Ourson* tout à fait comique, de Bartlet, et des figures particulièrement originales de Maignan : *Le Gueux*, pitoyablement écroulé sur un banc, et *En péril*, rude marin rivé à sa barre et qui défie la tempête. Notons, dans un genre aimablement moderne, le joli vase *Nymphéacées*, des frères Robert, d'une patine très belle, et les lampes électriques de Nelson, charmantes figures de femmes portant des fleurs; enfin, toute une série de garnitures de cheminées, entre autres, en Louis XV, des pendules, candélabres, vases, marbres, etc., de très bonne exécution.

M. Bisson n'est pas seulement un habile directeur de travaux, il est lui-même artiste, et c'est à ce double titre que le Jury lui a attribué une médaille d'argent de collaborateur; M. Lemaire, contremaître, obtient la même récompense.

M. Peyrol avait, en 1889, obtenu déjà une médaille d'or; celle que le Jury lui attribue cette année vient, une fois de plus, confirmer son mérite. Les œuvres de Rosa Bonheur qu'il édite avec celles de son beau-frère M. Bonheur sont trop connues pour que nous ayons besoin de les rappeler toutes; citons cependant parmi les plus belles le *Taureau* de Rosa Bonheur dont le grandissement doit couronner le monument qu'on élève, à Fontainebleau, à la gloire de la grande artiste. Puis les ours, les chevaux, les grands jockeys, le *Haras*, superbe cheval au dressage, le *Cuirassier*, le *Chasseur d'Afrique*, le *Renard* qui figurait en marbre à l'Exposition, enfin et surtout, les bas-reliefs en bronze que M. Bonheur a interprétés des merveilleux tableaux de sa mère et qui doivent garnir la base du monument dont nous parlions plus haut; tous deux sont d'une belle venue, d'une allure superbe, et le *Marché aux chevaux* dont on se rappelle le succès, est peut-être celui qui nous séduit le plus encore.

M. Peyrol a une série d'œuvres intéressantes de son fils : la *Lutte*, dont l'original est

au musée Galliera, un *Vercingétorix* de fière attitude, une *Naissance de Vénus* fort séduisante; un buste *Enfant,* un marbre charmant *Joie d'enfant,* qui sont pleins de promesses.

Parmi les collaborateurs de M. Peyrol, M. L. Douy, contremaître, et M. J. Gau-
cheron, ciseleur, ont obtenu des médailles d'argent; M. E. Gauthier, une médaille de
bronze.

M. Vildieu s'occupe presque exclusivement du bronze d'éclairage et exposait, en
1889, à cette classe spéciale où il avait obtenu la médaille d'or. C'est donc la première
fois qu'il expose dans la Classe du bronze, dans laquelle il tient une place très honorable en même temps qu'il y remporte un joli succès.

M. Vildieu nous présente un choix de modèles intéressants et parmi ses lustres électriques nous en citerons un de Ferville-Suau, en style Directoire, dont la construction
est bonne, quoique d'architecture un peu lourde, et dont l'exécution est soignée. Du
même artiste, nous remarquons une suspension *Paon* originale, un petit lustre *Char-
meuse* de fantaisie très légère, et une collection de lampes portatives dont les modèles
nous ont paru pratiques autant que gracieux et qui ont eu du succès.

Notons encore une suspension très importante de style François Ier de Saingery,
un lustre Louis XV corbeille de Desjardins, enfin, en Louis XVI, un petit lustre à cristaux tout à fait charmant.

M. Luck, contremaître de M. Vildieu, a obtenu une médaille d'or de collaborateur.

La maison Renon, comme celle de M. Vildieu, s'est spécialisée dans le bronze
d'éclairage, et, aujourd'hui, surtout dans l'éclairage électrique; elle expose un choix
d'appareils de toutes sortes et de tous styles; elle exposait déjà dans notre classe, en
1889, et avait obtenu alors une médaille d'argent.

La plupart des lustres qu'elle présente, dans lesquels le bronze est souvent égayé
de cristaux, sont construits en vue d'une exécution facile et d'une vente assez courante,
mais M. Renon nous prouve que des objets d'un prix modéré peuvent être faits avec
goût, et certains de ses modèles sont charmants.

Nous avons surtout remarqué une petite suspension dans laquelle l'éclairage tamisé
par des panneaux de cristal doit être très agréable et dont l'arrangement général,
architecture simple avec décor de feuillages et fruits du platane, est tout à fait harmonieux. Notons aussi quelques jolies appliques et, parmi un certain choix de lampes
portatives, un grand flambeau avec figurine de femme *Libellule,* infiniment gracieux.

La maison de M. Beau est renommée à juste titre pour tout ce qui a trait à l'éclairage; elle est l'une des premières qui s'y soient consacrées et qui, à l'apparition du
gaz, construisit des appareils étudiés en vue de cette lumière alors nouvelle. C'est
encore la maison Beau qui, en 1877, s'occupa de rendre pratique l'éclairage électrique, et, en 1889, elle exposait dans la Classe du bronze (où elle était hors concours,
M. Beau faisant partie du Jury d'une autre classe) une série de modèles spéciaux qui,
par leur appropriation judicieuse au nouveau mode d'éclairage, étaient, pour cette
époque, un progrès réel.

L'exposition qu'a organisée cette année M. Beau est complète autant que variée et nous montre, à côté des belles reproductions des modèles anciens, les compositions les plus modernes de quelques-uns de nos meilleurs artistes. Parmi les premières, nous citerons le lustre du vestibule du Petit-Trianon et un choix d'appliques Louis XV et Louis XVI fort bien exécutées. Parmi les œuvres modernes, nous remarquons un lustre et une lampe de Giraldon; et, de Dampt, dont nous admirons fort le talent si original et si souple, un lustre à fleurs électriques dans l'étude duquel l'artiste ne nous paraît pas cependant avoir aussi bien réussi qu'à son ordinaire.

M. Beau avait exécuté en zinc repoussé la grande figure de Marqueste, placée au sommet du Palais de l'électricité, il en a fait, en réduction, l'adaptation à un motif d'éclairage intéressant.

Des collaborateurs de M. Beau, nous nommerons M. V. Blanc, C. Aubert et G. Delessales, aux médailles d'argent, et MM. G. Goudeman et L. Moliette, aux médailles de bronze.

La maison Lacarrière et Cⁱᵉ est aujourd'hui l'une des plus anciennes du bronze; fondée en 1829, elle n'a pas figuré à moins de douze Expositions universelles en y remportant les plus belles récompenses et en affirmant à chacune ses progrès constants.

Elle nous présente un choix d'appareils électriques, lustres reproduits ou interprétés d'ancien, appliques de style, lanternes, etc., dont la fabrication est de tous points soignée; mais son exposition se complète surtout du travail très important qu'ont entrepris MM. Lacarrière et Cⁱᵉ de l'éclairage du Pont Alexandre. Ces quarante torchères monumentales, supportant chacune trois lanternes garnies de cristaux spécialement moulés, représentent une main-d'œuvre considérable, et le peu de temps dont ils disposaient pour l'exécution de ce travail rend plus brillant encore pour ces messieurs le succès d'une telle réussite.

M. Lelorrain, contremaître chez MM. Lacarrière et Cⁱᵉ, a obtenu une médaille d'or; MM. Danton, Guérin, Rouget et Sénéchal, des médailles d'argent; MM. Paquet, Maupertuis, Toury, Pauvra, Lericolais, Champin, Major, Morisot, Piot et Palbras, des médailles de bronze.

M. Maës se consacre exclusivement au bronze d'éclairage et réunit dans son exposition un choix très varié d'appareils de toutes sortes, lustres, appliques, lanternes, etc., pour l'électricité. Nous noterons d'abord un lustre très important avec motif central formé d'un groupe d'enfants en biscuit genre Sèvres; ce modèle de style Régence est d'architecture solide, en bronze, et s'égaye de cristaux figurant des glaçons; la composition en est de M. Bureau, de même que celle d'un gracieux lustre à coquilles de cristal. Signalons aussi, de M. Pain, deux lustres, l'un Régence, à congélations de cristal, l'autre Louis XVI, à motifs têtes d'aigles et verrines de cristal, et, du même artiste, un lustre Louis XIV, inspiré des classiques lustres de Boulle, avec introduction du cristal dans la construction; puis de M. Cornu, une sorte de lustre pour salle à manger avec lampe centrale dont les panneaux sont en cristal décoré de mascarons en relief, modèle pratique autant qu'original; une jolie lampe Louis XV, en bronze, est également de M. Cornu.

Indiquons également une jolie série de lanternes dont une Louis XV, très séduisante, et, dans les garnitures de cheminée, candélabres ou girandoles, une paire de vases marbre avec enfants et fleurs d'iris lumineuses, et des candélabres Louis XV à branchages doubles et enfants. Ces deux derniers modèles sont de Pain, la composition en est agréable et l'exécution très soignée.

M. Gervais avait, en 1889, une exposition des plus réussies; ses groupes marbre, ses garnitures de style eurent un succès considérable et d'ailleurs mérité; aussi ne devons-nous pas nous étonner que notre collègue ait voulu rechercher, cette année, auprès du public, la même faveur avec des éléments aussi classiques plutôt que de se risquer à des essais souvent intéressants, mais toujours pleins d'aléas. Sauf quelques tentatives modernes, les nouveautés que nous noterons chez M. Gervais restent donc inspirées des styles du xviiie siècle; le *Printemps*, de Mathurin Moreau, est toujours charmant; la *Fortune*, de Michel; l'*Aubade* et *Sous la feuillée*, de Kinsburger, sont des groupes très joliment construits.

Dans le luminaire, nous aurons un beau choix de lustres de genre ancien; un Louis XV à torches, un autre Louis XV à cristaux et deux Louis XVI, l'un à cors de chasse et l'autre à enfants et roses, fort gracieux; des candélabres Louis XV de Germain, des Louis XVI, modèle de Forty et de Trianon sont également bien; une garniture, *Chaise à porteurs*, de Messagé, retrouve le succès qu'elle avait obtenu en 1889; une autre pendule, *Traîneau*, est charmante, et surtout une pendule Louis XVI, de forme campanile en cristal taillé et chapiteaux en lapis, est d'une finesse remarquable. Nous signalerons enfin une jardinière Louis XV et des buires en cristal taillé, joliment montées en Louis XV et très bien exécutées.

Des collaborateurs de M. Gervais, M. Picoiseau a obtenu une médaille d'argent; MM. A. Martin, Laporte, Hoffmann et Cottinet, des médailles de bronze.

MM. Pannier frères, dont la maison presque centenaire est connue sous le non d'*Escalier de cristal*, exposent pour la première fois dans notre classe, bien qu'ils tiennent une place importante, et des meilleures, dans l'industrie du bronze et du meuble d'art.

Qu'il s'agisse, chez MM. Pannier, de simples reproductions d'ancien, ou de compositions interprétées de ces mêmes époques, leurs modèles sont toujours particulièrement bien choisis, le goût distingué, l'exécution parfaite; un grand trépied brûle-parfums Louis XVI, une colonne marbre et bronzes copiée au Louvre, quelques fines montures de porcelaines, sont des reproductions exactes; notons, d'autre part, deux charmantes vitrines, l'une Louis XVI à figures de femmes, genre Clodion, l'autre de style Empire, comme un grand guéridon tout à fait classique et des montures de vases Louis XV et Louis XVI qui sont autant de compositions originales. Signalons un grand et superbe meuble Louis XVI en bois d'Amboine et panneaux de laque à bronzes gras et soignés; citons aussi une table en granit et bronzes, une coupe porphyre, un très grand vase

vieux Chine bleu, monté en Louis XVI, et surtout un délicieux crapaud, si l'on peut
qualifier ainsi un tel animal! en vieux Chine avec monture très réussie en Louis XV.

A côté de ces compositions de genre ancien, MM. Pannier ont quelques essais modernes intéressants et un grand vase de Tiffany à monture *Paons* est tout à fait original;
des vases en verrerie de forme très cherchée sont également à noter; l'un d'eux avec
une monture *Nuit;* un autre avec des serpents et un masque de femme joliment étudiés; un troisième enfin avec une garniture de bronzes en feuilles et fruits du marronnier; le décor du cristal de ce dernier répète le motif du bronze avec lequel il se marie
dans une recherche heureuse.

M. Chachoin avait, en 1889, obtenu la médaille d'argent. Sa fabrication est spéciale
aux garnitures de foyer, landiers, chenets, etc., et le choix de ses modèles déjà grand
s'est encore accru des créations qu'il a faites en vue de l'Exposition. Parmi celles-ci,
nous signalerons une garniture Régence assez importante, composée d'un écran central
et de deux chenets bien modelés; un écran Louis XV, divisé en deux parties mobiles à
décor de vernis Martin est original : par un mouvement de bascule, les tablettes s'abat-
tent et forment une sorte de petite table à thé. Nous retrouvons une grande cheminée
en noyer sculpté de belle architecture avec les classiques grands landiers en fer poli,
puis d'autres immenses landiers en fer et cuivre; dans un style un peu moins sévère,
notons de grands chenets Louis XVI en marbre et bronze, et un joli modèle à vases
et guirlandes.

M. Chachoin a toute la série des modèles de nos Palais nationaux : chenets Louis XVI
de Fontainebleau, chenets Louis XV du garde-meuble, etc., et, en Empire, des chenets
à aigles et foudres particulièrement beaux. Dans une note très spéciale, indiquons un
chenet oiseau chinois dont la patine est réussie et enfin, en genre moderne, un chenet
à chimère original et d'un décor irisé d'une grande recherche.

Parmi les collaborateurs de M. Chachoin, MM. Woukier et Connu ont obtenu des
médailles d'or; MM. Gouaille, Poupeau et Aubin, des médailles d'argent, et MM. Le-
brun et Matifat, des médailles de bronze.

Ni le Comptoir général des fontes, ni M. Denonvilliers, qui a la direction artistique
de cette importante maison, n'étaient portés au Catalogue; c'est seulement alors que les
opérations du Jury étaient terminées qu'il lui a été demandé d'examiner le groupe
équestre qu'avait fondu cet établissement pour l'entrée du Grand Palais des Champs-
Élysées (façade sur l'avenue d'Antin).

Le modèle de ce groupe est de Falguière; le travail en est très important et, malgré
la difficulté de juger une telle œuvre placée à cette hauteur, la fonte en a paru très
soignée et digne de mériter au Comptoir général des fontes, la médaille d'or qui lui a
été attribuée.

Les Comités locaux du Tonkin et de Bac-Ninh ont exposé un certain nombre de
pièces, intéressantes surtout par les progrès qu'elles nous permettent de constater chez
nos jeunes artistes indo-chinois. Il faut remercier ces comités (et en même temps l'aimable délégué du Tonkin, M. G. Viterbo, qui nous a fait les honneurs de son pavillon)

du dévouement dont ils font preuve en encourageant ainsi l'industrie locale. En fournissant à ces intéressants ouvriers, dont ils se chargent d'écouler les produits, les moyens d'étendre et de varier leurs connaissances, en augmentant et perfectionnant leur fabrication, ils accomplissent une œuvre éminemment utile et patriotique.

Des fontes naïves et des ciselures encore rudimentaires nous font sourire, mais il faut admirer le goût et l'habileté des Indo-Chinois dans leur damasquinage vraiment très remarquable; deux ouvriers indigènes qui travaillaient sous les yeux du public vivement intéressé, Do van Dick et Nguyen van Ngo ont obtenu des médailles d'argent.

Depuis quinze ans, l'École de la réunion des fabricants de bronze a réalisé des progrès considérables. Pour ses débuts dans une exposition, elle obtenait, en 1889, deux médailles d'or, et le succès qu'elle remporte cette année est pleinement justifié; ce sont là de beaux résultats et pleins de bonnes promesses pour l'avenir; à qui en sommes-nous redevables? S'il est difficile de faire la part de chacun dans cette œuvre, à la prospérité de laquelle concourent tous les membres de la Société, il faut cependant mettre en première ligne les artistes qui ont consacré à l'éducation de nos jeunes apprentis et ouvriers un dévouement auquel on ne saurait trop rendre hommage. MM. Robert frères, ces artistes modestes et désintéressés qui ont organisé l'École, y ont sacrifié plusieurs années d'un labeur acharné et peuvent être fiers des élèves qu'ils ont formés. A l'enseignement du dessin et du modelage se joignit, il y a près de dix ans, celui de la ciselure et du repoussé dont se chargeait M. C. Marioton, qui succédait à MM. Robert dans la direction de l'École. Nous avons eu maintes fois à citer le nom de notre distingué collègue au Jury, pour ses œuvres; il s'est, à son École, entouré de collaborateurs auxquels il communique son amour du beau, la passion du travail et la belle ardeur qui l'animent et nous pouvons juger des résultats à chacun des concours auxquels sont fréquemment conviés ses élèves. Il faut nommer ces collaborateurs de M. Marioton : M. de Haan, directeur des travaux chez MM. E. Colin et Cⁱᵉ, est un ciseleur accompli; MM. Noël et Picard, d'habiles dessinateurs; chacun d'eux prête au maître l'appui de son talent et tous trois ont obtenu des médailles d'or. MM. Robert frères, dont nous rappelions plus haut l'œuvre si importante et dont nous avons admiré quelques compositions chez nos fabricants, ont obtenu un grand prix que justifie leur talent.

A côté des artistes, sans l'enseignement desquels ne saurait exister notre École, il serait bien injuste de ne pas citer le nom de M. Gagneau, de qui l'intérêt s'est constamment manifesté pour elle; président pendant quinze ans de notre réunion, il n'a cessé de solliciter pour l'École des appuis et des subventions difficiles à obtenir et, pour cela, les démarches ne lui ont jamais coûté; il faudrait rappeler aussi les noms des généreux fondateurs de prix : les Crozatier, les Villemsens, les Didier, les Lemerle-Charpentier, M. Gagneau encore qui établit, cette année, un prix spécial à la sculpture.

Les concours que ces ressources ont permis d'instituer, sont pour nos ouvriers et artistes un stimulant des plus actifs, et les progrès qu'ils révèlent confirment la valeur et l'utilité d'un enseignement dont profiteront largement nos industries et dont, par la comparaison avec les écoles étrangères, nous pouvons mesurer tout le prix.

Nous aurions à redire ici, pour M. Engrand et pour M. A. Moreau, ce que nous disions aux hors concours pour M. Coupri et pour M. Desbois.

M. A. Moreau, que nous avons souvent nommé en rendant compte des expositions de nos collègues auxquels il vend la plupart de ses œuvres, expose, à part, quelques pièces de statuaire, en marbre ou en bronze, et des esquisses qui complètent bien son œuvre et justifient amplement la médaille d'or qui lui a été attribuée.

M. Engrand est un de nos artistes modernes dont le talent est le plus souple et le plus délicat. Il a, en bronze statuaire, des bustes : *Rieuse, Andante,* qui sont charmants et une figure *Coureur,* très réussie; il nous montre également des vases en bronze ou en étain dont l'un *Baigneuses* est fort gracieux, et des vide-poches ou jardinières, de modèles variés autant qu'originaux; il a, d'autre part, un coffret argent *la Fortune,* épreuve unique de belle exécution; enfin, à côté de fantaisies telles que presse-papiers, bougeoirs, pichets en étain, il a surtout sa série de cachets et de masques de femmes en or et en argent qui sont d'une expression intense et d'un travail remarquable.

Ferronnerie et fontes d'art. — M. A. Brosset est ciseleur de talent et a remporté aux concours Crozatier et Villemsens les premières récompenses. Il est également repousseur au marteau, et c'est comme ferronnier d'art qu'il expose dans notre classe une vitrine sur console en fer forgé de style Régence, dont le travail est des plus remarquables.

Cette pièce, exécutée par lui pour M. Boucheron, est composée par M. Ch. Morice, l'architecte bien connu; le dessin en est ferme et gracieux tout à la fois; les lignes d'architecture en fer forgé et poli à la main, se revêtent de feuillages repoussés très joliment modelés au marteau et reciselés à la perfection. Nous pouvons dire que M. Brosset, par le soin qu'il a porté aux moindres détails de l'exécution, par la passion même qu'il a mise à parfaire son œuvre, en a fait une véritable pièce de musée; il faut qu'une telle vitrine renferme des merveilles inestimables pour que la richesse de l'écrin n'attire pas seule toute l'attention; il est vrai que M. Boucheron peut y placer les joyaux qui conviennent et donner ainsi à cette jolie pièce son complément indispensable.

M. Brosset a quelques autres travaux moins importants en fer forgé ou repoussé, il nous pardonnera de n'avoir vu que sa vitrine pour l'exécution de laquelle nous le félicitons tout particulièrement. MM. Chapuis et Deak, collaborateurs de M. Brosset, ont obtenu des médailles d'argent.

La Société des établissements Durenne expose également à la Classe 65. L'importance de ces établissements est considérable et M. Durenne, qui en est le fondateur, a obtenu les plus hautes récompenses à toutes les Expositions; la collection de ses modèles de groupes, statues, vases, etc., est des plus complètes; les fontes sont superbes et de grain si régulier que certaines de ces pièces, cuivrées galvaniquement et patinées avec soin, donnent l'illusion presque absolue du bronze.

Comme la Société du Val d'Osne, la Société des établissements Durenne s'était rendue adjudicataire de la fourniture de deux des grands groupes en bronze doré qui garnissent les pylônes du Pont Alexandre III; en dehors de ces deux pièces maîtresses, les établissements Durenne se sont encore assuré la commande de toutes les fontes décoratives du même pont; garde-corps à balustres, motifs centraux, etc. Ce travail considérable a, dans un délai remarquablement court, été exécuté d'une façon parfaite.

M. Émile Robert expose à la fois dans notre classe et dans celle de la décoration fixe (Classe 66) et c'est à celle-ci et au pavillon de l'Union centrale des arts décoratifs qu'est son exposition la plus importante. Dans le plan intérieur de ce pavillon, M. Hœutschel, qui l'a édifié dans une note moderne et cependant classique, a réservé au fer tout un salon dont il a confié l'exécution à M. Robert; portes, vitrines, tout est en fer, et les détails sont charmants et d'extrême finesse. Dans sa décoration extérieure, M. Hœntschel a prévu, également en fer forgé, un balcon central dont le motif avec feuillages de chêne est des plus réussis et dont le travail fait grand honneur à l'artiste ferronnier qu'est M. Robert.

Dans notre classe, M. Robert a tout un choix de chenets, de flambeaux, de lustres, d'appliques, de veilleuses, ou de petits objets d'art, dans lesquels il nous fait admirer son talent de forgeron aussi bien que son habileté de repousseur au marteau; enfin, membre du Comité d'installation, notre collègue avait accepté de se charger de l'organisation d'un atelier de serrurier, et nous devons le remercier vivement d'avoir ainsi intéressé le public aux travaux qu'il exécutait dans cet atelier; avec la fonderie que dirigeait M. Jabœuf, cela fut, pour les galeries si souvent désertes de notre annexe, un attrait des plus grands et une raison de visites aux exposants de cette partie de notre classe.

M. H. Hamet expose, pour la première fois, dans notre classe; il y a réédifié le joli pavillon en fer forgé qu'il nous avait fait apprécier à l'exposition de Bruxelles; mais, à côté des travaux d'art tout à fait classiques qu'il a réunis, il a voulu faire quelques essais modernes et a fait étudier dans ce genre une série de motifs, rampes, balcons, lustres, dont la composition, de M. Bliault, est fort originale et dont l'exécution est tout à fait remarquable. Nous signalerons entre autres un balcon à feuilles de marronnier et serpents entrelacés, qui est une pièce de haute valeur et dans laquelle les difficultés du travail ont été accumulées comme à plaisir; la réussite en est parfaite.

Parmi les nombreux collaborateurs de M. Hamet, M. Bliault, architecte, que nous nommions plus haut et de qui sont toutes les compositions modernes, a obtenu une médaille d'argent; une médaille de bronze a été accordée à M. G. Louet, ouvrier forgeron.

MM. Disclyn et Linn ont repris la maison Disclyn et Fouchée qui avait obtenu déjà la médaille d'or en 1889; ces messieurs exposent, en serrurerie d'art, des modèles classiques de grilles, rampes ou balcons fort bien exécutés; mais ils se sont fait une spécialité des ferronneries d'ameublement et ont, dans ce genre, un choix des plus variés; ce sont des chenets ou landiers, reproductions d'ancien ou compositions originales; des suspensions, des lanternes ou des lustres nous reportant à l'éclairage des antiques bougies ou nous montrant les dispositions les plus pratiques de l'électricité; enfin des appliques, des torchères de jolie composition; des pendules, flambeaux ou petits objets d'art infiniment séduisants et dans lesquels nous retrouvons toutes les meilleures qualités d'exécution.

Zinc d'art. — L'exposition de M. A. Jourdan se distingue et par le choix des modèles et par l'exécution qui est des meilleures. Comme tous ses collègues, M. Jourdan fond au sable toutes ses grandes pièces; soigneusement réparées ensuite, cuivrées à bonne épaisseur et patinées avec art, l'illusion est absolue et l'aspect extérieur est celui du bronze d'art avec lequel il serait aisé de confondre. Ces pièces importantes sont nombreuses chez M. Jourdan; citons, de Debut, deux belles figures, *la Science* et *le Génie des arts;* de Bareau, un *Vox Pacis* et une *Gloria* — nous allions dire « en bronze »! — Notons encore une jolie figure : *Vertu civique,* de Fouques, et du même un *Chien de chasse;* enfin, de A. Ricarde, une *Jeanne d'Arc,* avec parties marbre, et de Holevéck, *Le Vin,* beau groupe très vivant et de jolie patine.

M. Silvin, fondeur chez M. Jourdan, a obtenu une médaille d'argent; deux autres de ses collaborateurs, MM. J. Jourdan, monteur, et M. Karquet, ciseleur, des médailles de bronze.

M. Alliot, artiste et ciseleur, est, dans l'industrie du zinc d'art, un de ceux dont la fabrication est le plus soignée. Beaucoup des modèles qu'il nous présente ont été créés par lui, et son *Andromède,* sa *Source* et *Avant le bain,* figures tout à fait gracieuses et joliment patinées, sont des plus réussies. Nous retrouvons ici un artiste déjà cité, M. Villanis, avec un buste, *Bohémienne,* et une statuette, *Le Liseron;* c'est toujours la même figure, mais elle est charmante et on n'ose pas trop regretter cette monotonie que l'artiste devra cependant corriger. Nous signalerons une fantaisie d'éclairage de Ferroud très amusante, *Illuminations :* des enfants accrochent des petites lanternes de couleur à des branches qui entourent une colonne à demi brisée; puis de M. Alliot fils, quelques figures dont une *Salomé* pleine de promesses; enfin, des œuvres toujours gracieuses de Nelson, de Faure, de Brousse, de Maxim; et, de Ferville-Suan, des vases d'arrangement original.

Des collaborateurs de M. Alliot, M. G. Perrin a obtenu une médaille d'argent, MM. Van Hove et C. Thériot, des médailles de bronze.

Nous terminons ici la revue des maisons qui ont obtenu les plus hautes récompenses et, si nous ne devions nous borner, nous voudrions nous étendre aussi longuement sur le détail des médailles d'argent qui représentent, relativement à l'importance des maisons, un mérite et des efforts souvent tout aussi grands.

Dans le bronze d'art et d'ameublement, nous nommerons en tête :

M. Pinedo, avec un choix très distingué de groupes, statuettes et bustes, et des coupes, flambeaux et objets d'art. Notons aussi quelques figures avec disposition d'éclairage électrique qui sont de jolie fantaisie.

M. Lecomte a de jolis modèles de groupes et de statuettes en bronze et en marbre et des candélabres, girandoles et garnitures de cheminée de style; il s'occupe également de bronzes d'éclairage et quelques lustres et appliques sont gracieux.

M. Quénard a quelques jolies statuettes.

Mme Ulmann a une exposition bien présentée et très complète de groupes, pendules, candélabres et garnitures de cheminée; elle a créé quelques modèles de fantaisie électrique en lustres et appliques.

M. Vincent, choix de groupes et garnitures de cheminée, quelques statuettes disposées en lampes électriques.

MM. Charpentier et Van Roye joignent à la fabrication du bronze d'art et d'ameublement celle du meuble d'art avec bronzes et ont de jolies reproductions d'ancien.

M. Delarue, à côté des bronzes d'art dont il a une jolie série, s'occupe plus spécialement du bronze d'ameublement et a un choix très varié de cartels de tous styles, de garnitures de bureau et de services à fumeurs.

M. Guillemin, statuaire, éditeur de ses œuvres, nous présente des bustes, statuettes, groupes, jardinières et vases d'un joli cachet d'originalité.

M. Passerat s'est spécialisé dans la reproduction des jolis modèles de Boulle en marqueterie et bronze; il a quelques très belles copies de régulateurs, de gaines ou de cartels du xviie et du xviiie siècle.

M. Robichon a de très jolies éditions de groupes, de statuettes ou d'animaux de fonte et de patine particulièrement soignées.

M. Virlet, choix de bronze d'art et d'ameublement; quelques fantaisies électriques et des étains d'art sont à remarquer.

M. Camus s'est consacré presque exclusivement aux reproductions des jolis bronzes du xviiie siècle, garnitures de cheminée, pendules, candélabres, flambeaux, appliques, etc.

M. Cottin, exposition très complète de bronzes d'art et d'ameublement, groupes, statuettes, pendules et garnitures de cheminée, avec un choix fort intéressant de bronzes d'éclairage, lustres, suspensions, appliques, et des fantaisies électriques originales.

M. Bertrand a quelques jolies statuettes et des fantaisies en jardinières, petites pendules et coffrets.

MM. Mercery et Cie expose une collection intéressante de pendules et d'objets de fantaisie avec émaux de Limoges.

M. Guillaume, une série de bronzes d'art.

La Société coopérative de la Fonderie de cuivre de Paris, quelques bonnes fontes de moulage très soigné.

Dans les petits bronzes, nous citerons :

M. Gorges, dont le choix de modèles est des plus variés et de qui la fabrication est particulièrement soignée.

MM. Aubin et Leroux, avec une jolie série de modèles de garnitures de bureaux et de services pour fumeurs.

M. Gouge, avec ses bronzes et étains d'art de bonne exécution.

Dans le bronze d'éclairage, nous relevons les noms de :

M. Mildé, jusque-là spécialisé dans les installations électriques, et qui débute parmi les fabricants de bronzes avec un joli choix de lustres, suspensions, appliques et fantaisies d'éclairage.

M. Lebrun-Tardieu, en grand progrès sur 1889, où il avait obtenu une médaille de bronze. Parmi ses lustres, signalons un modèle de lustre Empire très important et de bonne composition ; notons aussi des fantaisies originales pour l'électricité.

MM. Cellier et Simonet avaient également, en 1889, une médaille de bronze. Presque tous les modèles qu'ils exposent ont été créés pour l'Exposition et le choix en est très intéressant et des plus variés.

MM. Berlie et Cie, maison très importante, établie à Lyon, et dont l'installation et la fabrication sont considérables. L'usine est complétée d'une fonderie et d'un atelier de décor, ce qui permet à MM. Berlie et Cie de produire dans les meilleures conditions d'économie tous les appareils à gaz ou à électricité dont ils ont un choix intéressant.

M. Rollet se distingue par une ingéniosité et une fantaisie bien particulières dans la création de ses modèles. Lustres, lampes de table, lampadaires, jardinières, appliques, fontaines lumineuses même, tout est motif à originalité d'idée, d'adaptation ou de décor. Si ce n'est pas du grand art, c'est au moins bien personnel et de vente très courante.

M. Guinier expose pour la première fois ; il réunit dans son salon, arrangé avec goût, quelques lustres et appliques reproduits ou interprétés d'ancien et des appareils très spécialement composés pour l'électricité, qui, dans une note très moderne, sont originalement inspirés de la plante.

Dans la ferronnerie d'art, nommons :

M. Régius, forgeron habile, et qui nous montre également des cuivres martelés et repoussés tout à fait remarquables.

M. Bernardin, avec un joli lampadaire.

M. Roescher, non inscrit au catalogue, et qui a envoyé de fort belles pièces de forge, entre autres une grande torchère d'exécution parfaite.

M. Minot, dont la corbeille en fer forgé est des plus délicates.

Dans le bronze imitation ou zinc d'art, il nous reste enfin à signaler :

M. Goldscheider, dont l'exposition la plus importante était à la section autrichienne, mais qui tenait une bonne place au milieu de ses collègues avec d'intéressantes éditions de bronzes d'art, de marbres et d'étains ; il avait aussi quelques fantaisies électriques.

MM. Ettlinger frères, avec un grand choix de modèles de vases, jardinières, lampes, bustes ou statuettes et de jolies fantaisies en orfèvrerie d'étain.

M. Rolez expose des pièces importantes, statues, groupes, et des arrangements de torchères avec figures pour l'électricité, aussi des pendules et candélabres.

M. Foretay, statuaire, éditeur de ses œuvres, expose des bustes, statuettes et vases en bronze imitation, étain et terre cuite.

MM. Poccard et Richermoz ont un grand choix de garnitures de cheminée, de statuettes porte-lampes électriques, de groupes, vases et jardinières, et dans le genre orfèvrerie, des surtouts et des girandoles.

Nous devons enfin une note toute spéciale à l'exposition de Mme Sarah Bernhardt. Notre grande artiste a montré une fois de plus que rien ne lui était étranger et, à côté d'un buste de Victorien Sardou d'une grande vérité d'expression, elle a toute une série d'algues et de poissons étranges dont les fontes et les patines ont toutes les qualités des meilleures œuvres japonaises.

MÉDAILLES DE BRONZE.

Parmi les exposants qui ont obtenu des médailles de bronze, quelques-uns ont également des expositions très intéressantes, et parmi ceux-ci nous citerons :

Dans les bronzes d'art et d'ameublement, MM. Dostal, Favre, Jullien, Ledentu, Lévy, Lumineau, Lyon, etc.

Dans la serrurerie d'art, MM. Duteurtre, Fournier, Nonorgue, Riard, Vergne, etc.

Dans le bronze imitation ou zinc d'art, MM. Daudin et Cie, Dufour, Marchal, Richermoz et Cie, Roland, etc.

NATIONS ÉTRANGÈRES.

ALLEMAGNE.

L'Allemagne, dont la participation à l'Exposition de 1900 a été si généralement remarquable, a réuni dans notre Classe près de cent exposants artistes ou industriels. Nous savions depuis longtemps quelle sévérité devait présider en haut lieu au choix des maisons qu'on admettrait à exposer, comme à l'examen des objets destinés à l'Exposition, mais rien ne nous donnait à prévoir que ce choix pût être aussi judicieux, ni la sélection si éclairée ; d'autre part, il faut ici rendre un hommage mérité à M. le professeur Hofacker, l'architecte distingué à qui l'Allemagne devra une part de son succès. Grâce à cet artiste et par le merveilleux parti qu'il a su tirer des éléments dont il disposait, la section allemande est d'un art si parfait d'arrangement qu'il se dégage de ce tout une harmonie générale dont profiteront toutes les œuvres exposées, quelle qu'en soit leur nature.

Le grand hall central est d'un puissant effet, et quelques superbes œuvres, dont nous parlerons tout à l'heure, prennent encore plus d'allure ainsi largement encadrées. Chacun des petits salons qui l'entourent est d'un intérêt différent ; les escaliers qui accèdent aux galeries du premier étage servent eux-mêmes de prétexte à une décoration pittoresque ; les galeries, les salons qui s'ouvrent sur elles sont autant d'expositions variées où chaque motif de ferronnerie, où chaque bronze est à la fois sujet exposé et complément décoratif du milieu qu'il occupe ; l'objet le plus simple est ainsi mis en valeur avec autant de soin que la pièce la plus artistique ou la plus recherchée.

Mais il faut nous borner, et nous présenterons maintenant les objets qui ont le plus particulièrement retenu l'attention du Jury.

Au risque de blesser la modestie de M. le professeur Von Miller, notre honorable collègue au Jury, nous signalerons d'abord la statue qu'a envoyée la Fonderie artistique royale Von Miller (à Munich), dont il fait partie, et que sa présence au Jury a placée hors concours. C'est une cire perdue de dimensions remarquables ; la fonte et la patine en sont également réussies, et c'est pour nous une œuvre si considérable qu'on se prend à regretter de ne pouvoir lui attribuer la plus haute récompense. Dans le grand hall, dont elle constitue un des principaux ornements, nous avons aussi la pièce centrale en fer forgé, dont le motif est un aigle aux ailes éployées, tenant dans ses serres un immense dragon rampant sur des rochers ; cette pièce capitale (de la maison Armbruester frères) et surtout cet énorme dragon (si son corps est entièrement façonné à chaud, comme on nous l'annonce, sans aucune partie de fonte d'acier) est un chef-d'œuvre de forge et a obtenu un grand prix. Nous trouvons encore dans cette partie, et dressées sur d'immenses piédestaux, deux statues équestres en cuivre repoussé, de Knout, qui ont également obtenu un grand prix; puis les fontes de la maison Schaeffer et Walcker (médaille d'or), des fonderies Lauckhammer (médaille d'or) et des Ateliers de Gladenbeck, toutes grandes statues en bronze, de bonne exécution; enfin, dans les salons voisins, une série de bronzes d'ameublement du professeur Rohloff (médaille d'or), parmi lesquels des chenets Louis XV de bonne facture.

Au premier étage, nous admirerons tout d'abord l'exposition de la maison Gladenbeck et fils, qui a obtenu un grand prix. Presque tous ses bronzes sont de premier ordre et, se détachant comme une œuvre maîtresse, une statuette de dimensions relativement peu importantes, un *Chasseur,* dont le modelé est d'un maître et dont la fonte est merveilleuse; moins en dehors, mais encore en bonne place, les bronzes de Stotz (médaille d'or), puis ceux de Milde et Cⁱᵉ (médaille d'argent); enfin, pour la ferronnerie, de fort jolies pièces de forge de Miksits (médaille d'or) et de Marcus (médaille d'or), un motif rococo intéressant de Metzner (médaille d'or), et des impostes de Krüger, de qui une porte monumentale est encore exposée à la section métallurgique, au Champ de Mars, et qui obtient également une médaille d'or.

Nous nous arrêterons encore à deux expositions qui nous ont particulièrement séduit dans le genre spécial de l'orfèvrerie d'étain; celle de Kayser Sohn et celle de la Fonderie rhénane de bronze, qui ont toutes deux obtenu des médailles d'or. Ces maisons ont fait dans la note moderne de nombreuses tentatives; toutes sont intéressantes, et quelques-unes particulièrement heureuses; de plus, comme leurs envois étaient assez importants pour constituer à chacune un salon très complet, elles ont déployé dans l'arrangement et la décoration de ces salons une recherche qu'on ne saurait trop louer et dont nous leur adressons tous nos compliments.

Citons encore, parmi les médailles d'or, MM. Schulz et Holdefleiss, qui avaient, au pavillon impérial d'Allemagne, un travail très important, lampadaires et rampe d'escalier en cuivre repoussé; MM. Wenck et Bommer, qui avaient exposé, au pavillon de la Marine allemande, un travail colossal en cuivre repoussé; MM. Goetz, Peters et Beck, Gosen, Vogel, Widemann, etc.

AUTRICHE-HONGRIE.

L'Autriche-Hongrie a une exposition très complète, et la visite en a été pour nous intéressante, autant par la qualité des produits présentés que par la valeur des artistes qui en avaient composé les modèles. De même qu'en Allemagne, où nous avions à louer cet arrangement, les exposants dont l'envoi était peu important ont vu leurs objets réunis dans des intérieurs pleins de goût, et le *salon croate* et l'*intérieur tchèque,* par exemple, ont pu servir ainsi de cadre heureux à nombre de pièces de bronze ou de ferronnerie qui auraient grandement perdu à rester isolées.

C'est la Hongrie qui se présente avec les œuvres les plus importantes et, en tête, la maison Jungfer, qui a obtenu une médaille d'or pour des fers forgés très réussis et quelques bronzes intéressants; nous pouvons d'ailleurs, en même ligne, placer la maison Beschörner (médaille d'or), de qui les fontes sont superbes, entre autres un groupe monumental dont le modèle est dû à Senyen. Dans le jardin, et malheureusement en très mauvaise place, Armand Steiner présente un groupe repoussé au marteau d'une dimension considérable et d'une grande valeur d'exécution. Citons aussi, dans les médailles d'or, Kissling et fils, et surtout le Musée des Arts décoratifs qui nous fait admirer les reproductions en galvanoplastie de nombre de pièces anciennes des plus belles et des mieux choisies. Le but que poursuit cette société est surtout la vulgarisation des merveilles qu'elle a réunies, et ses principales affaires consistent dans l'échange de ses produits contre ceux analogues des écoles d'art ou musées étrangers.

En Autriche, nous signalerons en première ligne la fonderie impériale Krüpp (hors concours), et dont nous parlions à la revue des maisons hors concours, puis la maison Beschorner qui, pour de jolies fontes et une statue repoussée au marteau, a obtenu une médaille d'or; puis Foerster (médaille d'or), qui n'a présenté que quelques pièces d'artistes très originaux, mais dont la production est, paraît-il, très importante; et Blümelhuber; enfin, dans le charmant intérieur tchèque, dont nous parlions plus haut, Hirsch, avec des dessus de porte d'une composition charmante.

BELGIQUE.

La Belgique avait en 1889 une exposition très importante de bronzes, et nous regrettons de ne retrouver aujourd'hui aucune des grandes fabriques qui y étaient alors représentées. Nous avons heureusement des envois intéressants des ferronniers belges réputés et nous noterons d'abord, comme étant le plus complet, celui de Van Boeckel. De cet artiste original, nous trouvons, dans le jardin, la pièce la plus réussie, une chimère forgée de travail très habile; mais nous apprécions encore une série de travaux très divers (feuillages, potences, balcons, qu'il présente à son exposition particulière et qui lui ont valu la médaille d'or. M. Van Bœckel interprète à merveille la nature; nous devons cependant regretter qu'une exécution toujours peu poussée laisse au rendu une certaine monotonie; une feuille d'ornement Louis XV ne doit pas avoir le même caractère qu'une feuille de rose, et nous aimerions à saisir ces nuances.

M. Seghers Castel et M. Lacoste obtiennent également des médailles d'or; le premier nous présente de jolis fers forgés et repoussés; ses chenets, la plaque relevée au marteau, sa potence sont de bonnes pièces; M. Lacoste a une palme et une garniture de foyer intéressantes.

BOSNIE-HERZÉGOVINE.

Nous ne nous arrêtons à la Bosnie-Herzégovine que pour admirer l'organisation de son École des arts décoratifs et pour applaudir au dévouement de son directeur et de ses collaborateurs. Nous retrouvons dans le charmant pavillon du quai des Nations quelques œuvres de notre vice-président M. Kautsch et nous suivons avec le plus vif intérêt les travaux de damasquinage qu'exécutent, sous les yeux du public, quelques élèves de l'École. Des médailles d'or de collaborateurs ont été attribuées à M. H. Moser, le distingué directeur, et à M. Jadoin (J.), et une médaille d'argent à Mme de Radio, artiste; des médailles de bronze et quelques mentions honorables ont été accordées à des élèves de l'École.

DANEMARK.

Peu d'exposants au Danemark, où cependant M. Hansen présente une œuvre importante et de fort beau travail en cuivre repoussé; cette statue très belle est destinée à une église de Copenhague, et la sculpture en est due à M. Bissen. Tous deux ont obtenu des médailles d'or.

ESPAGNE.

L'Espagne s'est fait une spécialité du damasquinage sur acier, et nous étions d'avance assurés de retrouver dans son exposition l'habileté et le goût qui, en 1889, avaient fait obtenir à ses fabricants un brillant succès.

Les objets que nous avons vus aujourd'hui ne sont pas moins parfaits, mais s'il nous a été agréable de revoir les mêmes exposants, notre regret est vif de retrouver presque les mêmes objets: quelques essais un peu nouveaux ont bien été tentés, mais ils sont, en effet, si timides, qu'ils restent inappréciés. Aussi, un juste tribut de compliments adressé à MM. Zuloaga, qui représentent le mieux cet art si spécial et qui obtiennent un grand prix, nous aurons plaisir à parler de la maison Masriera y Campins, dont l'exposition est des plus intéressantes; le peu d'objets qui y figurent sont d'une finesse et d'un goût parfaits; quelques fontes à cire perdue sont tout à fait remarquables, et nous admirons surtout deux panneaux de porte dont la composition est charmante. Le motif en est de M. Masriera fils et l'exécution, avec son mélange de fer forgé et de bronze, est des plus réussies; le sujet, *le Jour,* pour un panneau, *la Nuit,* pour l'autre, a fourni à l'artiste d'heureuses trouvailles; il nous permettra cependant de critiquer les deux symboles peu attrayants et de facture banale, placés sur les panneaux bas de la porte.

MM. Masriera y Campins ont obtenu un grand prix; M. V. Masriera, une médaille d'or.

MM. Béristain y Bengoechea et MM. Iriondo y Guisasola ont obtenu des médailles d'or pour leurs aciers damasquinés et incrustés.

ÉTATS-UNIS.

Le chiffre considérable auquel atteint l'exportation des produits de nos industries d'art en Amérique n'a pas manqué depuis de longues années de stimuler les efforts de nos confrères américains secondés encore par l'élévation des tarifs douaniers; aussi aurions-nous eu un vif plaisir à étudier les progrès qu'ont pu réaliser nos collègues. Ceux-ci, malheureusement, sont venus en très petit nombre et nous le regrettons vivement; la seule maison dont l'exposition soit importante est la maison Bonnard Bronze

Company, qui nous présente de bonnes fontes de bustes ou groupes, dont quelques-uns sont de jolie composition. La maison Bonnard n'expose que les fontes ouvrées, pour lesquelles elle obtient une médaille d'or, et chacun des artistes auteur de l'œuvre se présente lui-même; ils ne sont pas moins de quinze que nous aurons donc à juger; tous ont de bonnes qualités, et nous citerons parmi ceux dont le talent est le plus affirmé, Miss Potter, qui obtient une médaille d'or, et MM. Remington et Frölich, à qui des médailles d'argent sont attribuées.

Nous signalerons au Champ de Mars une façade décorative en bronze, qu'expose l'importante maison Winslow brothers, et qui est d'une exécution très large et très remarquable. M. John Getz, notre collègue au Jury, architecte des plus distingués, qui est l'auteur de la composition de cet ensemble, nous permettra de lui en adresser de vifs et sincères compliments. MM. Winslow ont obtenu une médaille d'or.

Nous retrouvons aux Invalides Miss Longworth Storer, qui obtient une médaille d'or pour ses vases très originaux de composition et d'exécution soignées. La Tiffany Glass and Decorating company a des originalités tout à fait séduisantes; certaines compositions même, où le bronze se marie avec des émaux et des verreries de tonalités étranges, sont tout à fait réussies; une médaille d'or est également attribuée à cette maison; mentionnons pour finir la maison Sandberg (médaille d'argent), qui nous attire par de jolies fantaisies modernes, plus près cependant de l'orfèvrerie que du bronze, enfin M. Winans (médaille d'argent), avec une série de chevaux bien modelés.

GRANDE-BRETAGNE.

Les envois de la Grande-Bretagne sont peu importants; la plus grande partie des pièces qui figurent à ses palais coloniaux des Indes et de Ceylan, ressortissent autant à l'orfèvrerie qu'au bronze, et consistent en objets repoussés ou damasquinés, et en ferronneries ou fontes de cuivrerie très naïves. Des médailles de bronze ont été accordées à l'Association des Arts Kandyan, à Ceylan, et à quelques industriels établis aux Indes, Ardeshir et Byramji, à Bombay, et Bhumgara et Cⁱᵉ.

Les quelques exposants du palais des Industries diverses, aux Invalides, n'ont que des pièces de cuivrerie courante et c'est seulement au Pavillon du quai d'Orsay que différents motifs de décoration, lustres, lanternes ou chenets ont pu retenir l'attention du Jury, la maison Starkie Gardner et Cⁱᵉ a des fontes et ferronneries d'art intéressantes et la maison Longden et Cⁱᵉ, des chenets avec émaux de modèle original.

ITALIE.

Notre classe réunissait dans la section italienne vingt-trois exposants bronziers ou ferronniers d'art et quelques-uns, parmi eux, avaient fait des envois très importants. Nous devons dire, cependant, combien, d'une façon générale, nous avons regretté de ne trouver là aucune œuvre vraiment originale! Presque tous les fabricants italiens se bornent à la reproduction de tous les bronzes des musées de Naples ou de Florence; ces chefs-d'œuvre, dont s'enorgueillit à juste titre l'art italien, sont consacrés; mais leur édition ainsi multipliée les fait moins apprécier! A l'exception de M. Nisini, de Rome, qui a une intéressante collection de bronzes dans le genre animalier, le Jury n'a pu établir ses jugements que sur des objets identiques pour tous les exposants; les *Platon*, les *Narcisse*, les *Satyre à l'outre*, les *Dante* sont par douzaines.

Cette réserve faite, nous devons constater l'habileté de tous les fabricants au point de vue des fontes, qui sont presque toutes à cire perdue, et la qualité extraordinaire de leurs patines qui, dans l'imitation d'ancien, atteint vraiment la perfection.

M. NISINI, dont nous signalions plus haut les qualités, a obtenu une médaille d'or, de même que MM. DE ANGELIS et fils, qui ont une exposition très importante de bronzes d'art et de vases et, entre autres, la reproduction de la statue colossale de Michel-Ange. M. PANDIANI a une plus grande variété d'objets et s'occupe de bronzes d'ameublement et même d'orfèvrerie. Mais la ciselure laisse beaucoup à désirer et le choix des modèles n'est pas très heureux. Il obtient cependant une médaille d'or. Une médaille d'or est encore accordée à M. STRADA, pour une fonte superbe d'une *Cléopâtre* très joliment modelée.

Dans les fers forgés, nous noterons M. PROSPERO CASTELLO, qui obtient une médaille d'or pour des motifs de forge habilement travaillés, et M. PICHETTO, à qui une médaille d'argent est accordée pour ses fers et ses repoussés au marteau. MM. SUTTO et CHURAZZI obtiennent chacun une médaille d'argent pour leurs bronzes et la même récompense est attribuée au MUSÉE DE NAPLES, école d'art décoratif et industriel, dont les envois sont des plus intéressants et dont les efforts méritent grandement d'être encouragés.

JAPON.

Le nombre des exposants du Japon pour la Classe 97 est considérable, et, bien que chacun d'eux n'ait envoyé que quelques pièces, ce sont en général des objets si inté-ressants que leur étude et leur classement ont été des plus délicats. Il est, en effet, impossible de comparer ces envois isolés à ceux plus importants de nations telles que l'Allemagne ou l'Autriche, ni surtout à ceux si complets de nos exposants français; le Jury a dû, par conséquent, oublier la qualité d'industriel pour considérer le talent et le goût d'artistes à la fois créateurs pleins d'originalité et ouvriers habiles. Ce sont là les raisons d'un nombre assez important de récompenses dont nous noterons ici les principales.

Un grand prix a été accordé à SUZIKI (Tchokiti); c'est le seul, parmi les exposants japonais, qui ait envoyé des pièces de dimensions relativement importantes; ses grands vases sont fort beaux et un *Tigre sur un rocher* est également remarquable.

Puis nous indiquerons, dans les médailles d'or, YAMADA, avec des fers repoussés et ciselés; JOMI, dont les vases, plateaux, écrans sont de ciselure très fine et de patines richement colorées; HUNNO (Yoshimori) avec un joli choix de statuettes et animaux; puis KAJIMA (Jppu); KAGAWA (Katsuhiro); NAKAMURA; KUROKAWA; OKAZAKI; OSHIMA, etc.

Parmi les objets que nous avons admirés, presque tous seraient à citer, les uns pour la pureté des formes, d'autres pour la richesse de leurs damasquinages d'or et d'argent; d'autres encore pour l'originalité si charmante de leur ornementation; tous, enfin, pour leurs chaudes et transparentes patines que varient à l'infini les alliages compliqués et savants dans la composition desquels les Japonais sont restés maîtres.

NORVÈGE ET SUÈDE.

La Norvège et la Suède ne comprennent que peu d'exposants pour la Classe 97 et même la coutellerie de Suède ressortirait plus à l'orfèvrerie qu'au bronze; une seule médaille d'or a pu être accordée à un exposant norvégien, M. LERCHE; encore est-ce plutôt à titre d'artiste, car certains des objets qu'il expose, et qui sont ses créations, sont édités par des maisons françaises. Aux médailles d'argent nous citerons, en Norvège, la BERGENS MÉTALVAREFABRIK et M. ANDERSEN. En Suède, M. SANTESSON.

RUSSIE.

Peu nombreux sont nos confrères dans la section russe, et c'est seulement de quatre ou cinq maisons, d'une certaine importance, que nous avons à apprécier les produits.

L'exposition de M. BERTAULT (ancienne maison Chopin) est très complète et nombre des objets qu'elle renferme pourraient être attribués à nos meilleures maisons françaises. M. Bertault a obtenu une médaille d'or ainsi que MM. VICHNEVSKI pour de grandes torchères ajourées dont le travail est très soigné, et POSTNIKOV.

La maison VERFEL, pour de bonnes éditions d'animaux, a reçu une médaille d'argent.

Bien que les notes qu'elles ont obtenues (médailles de bronze) puissent nous dispenser d'indiquer ici les USINES DE L'OURAL et les USINES DE KYSCHTYM dont les fontes de fer figurent au Champ de Mars, nous devons les citer à cause de leur importance qui doit être grande, si nous en jugeons par leur exposition. Malheureusement, ces maisons doivent trouver que le choix et l'établissement d'un modèle sont choses difficiles et coûteuses et leurs pièces les plus importantes et les mieux réussies sont de simples moulages de groupes et de statuettes dont les modèles sont la propriété de fabricants français. Il y a là un point délicat qui, en impressionnant péniblement le Jury, n'a pas manqué d'influer sur les notes de chacun de ses membres, et un abus contre lequel nous protestons vivement.

TABLE DES MATIÈRES.

Imprimerie nationale. — 6933-01.

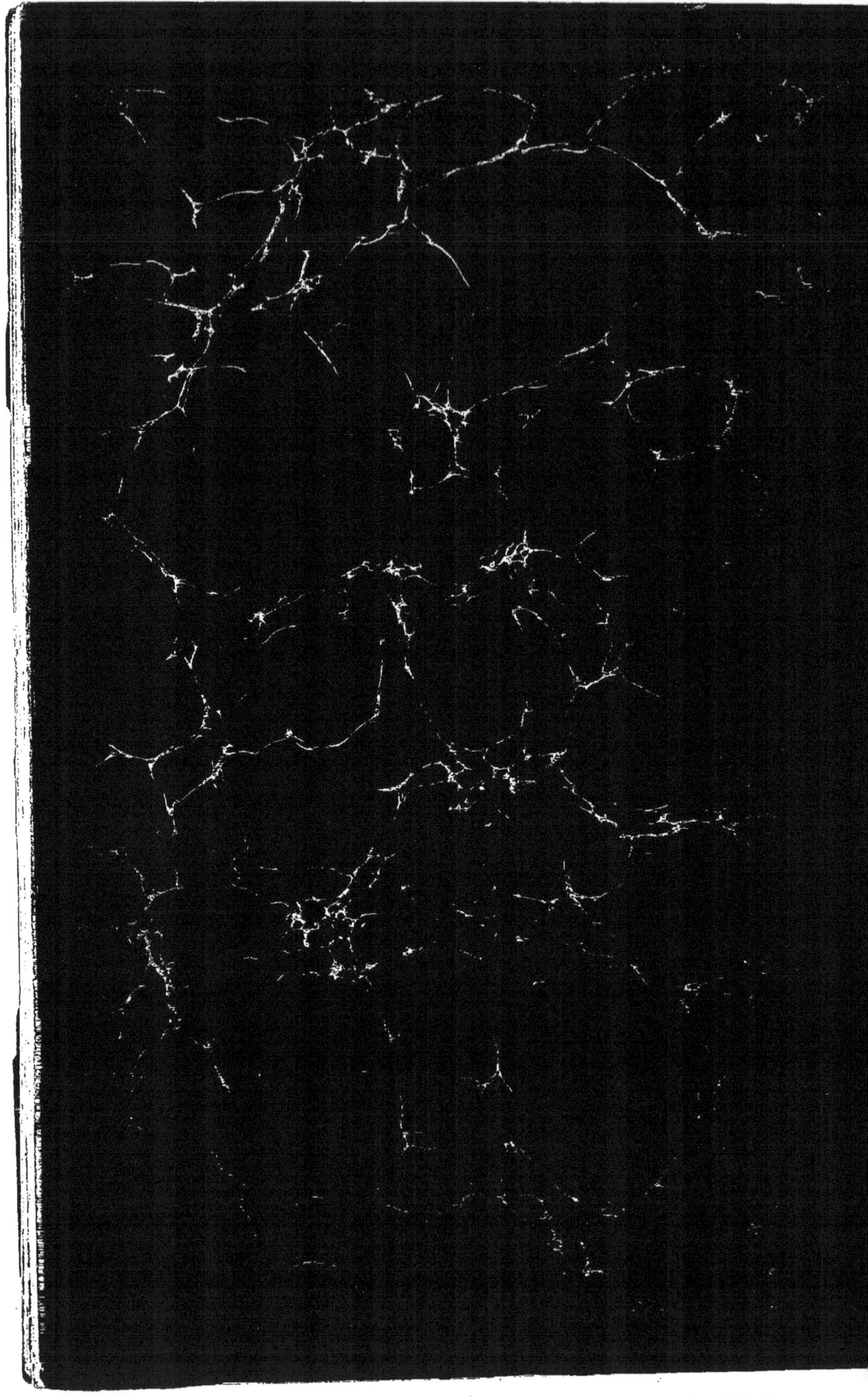

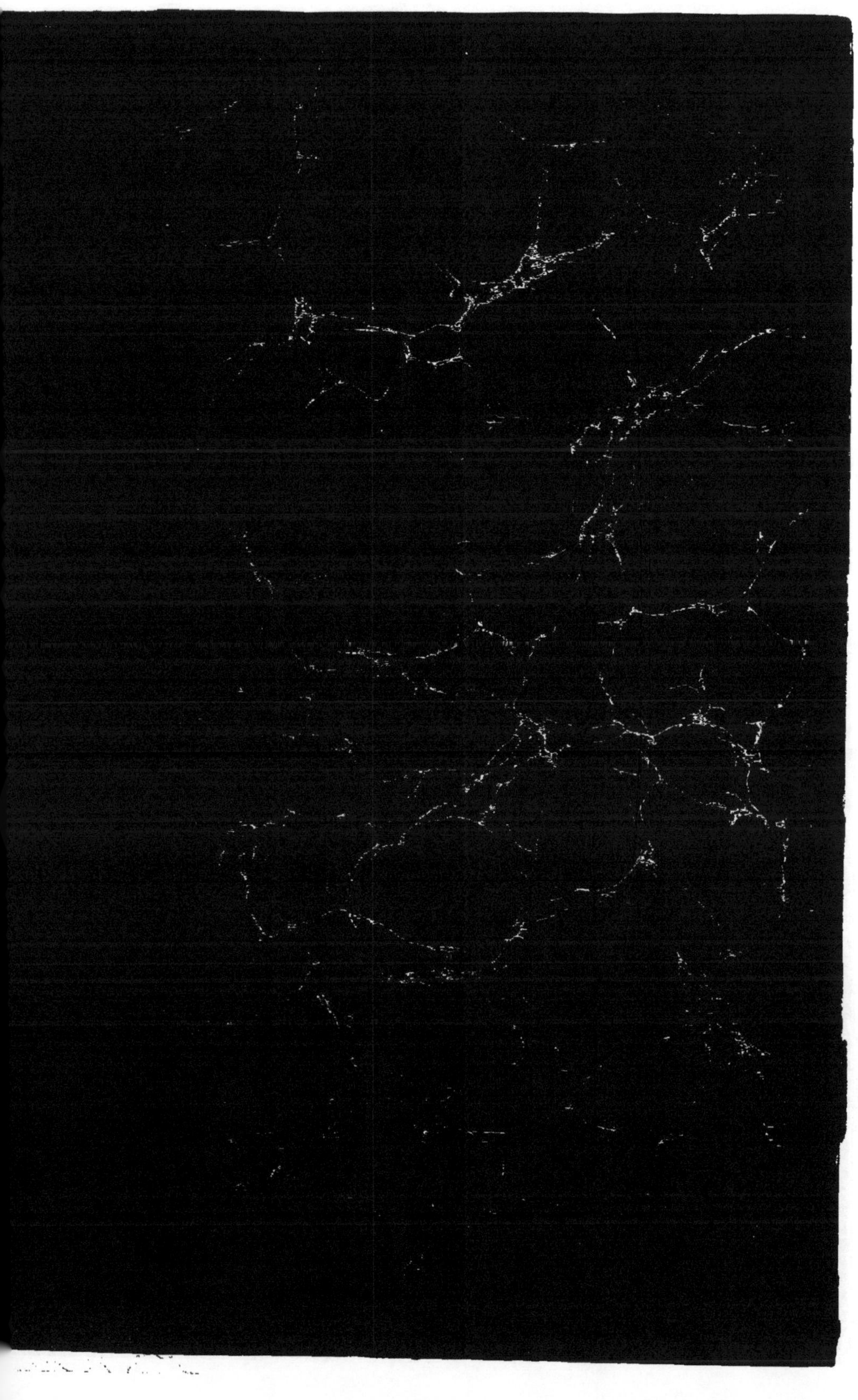

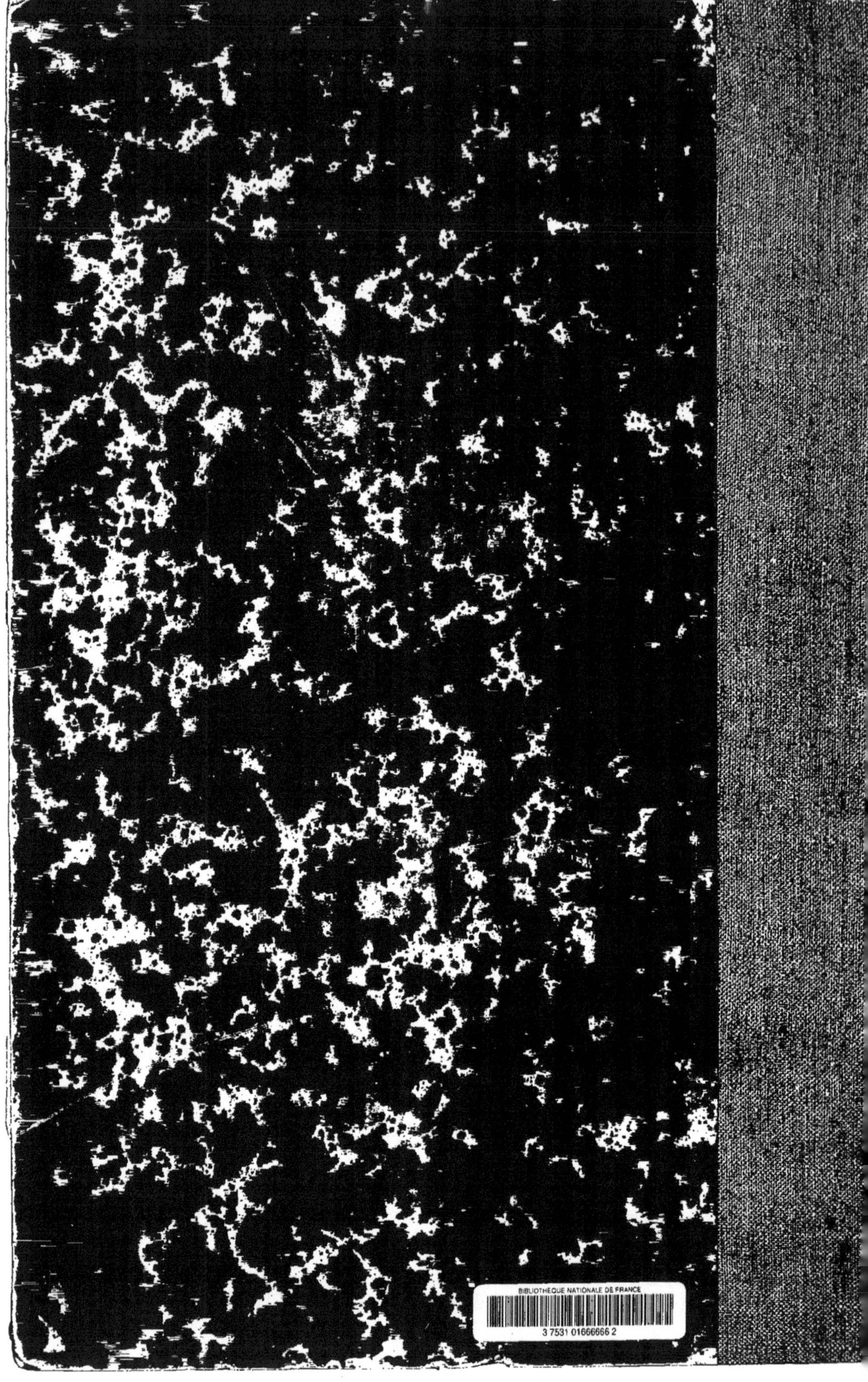

www.ingramcontent.com/pod-product-compliance
Ingram Content Group UK Ltd.
Pitfield, Milton Keynes, MK11 3LW, UK
UKHW020337130726
13696UKWH00003B/1400